AF359205

MÉMOIRE

SUR

L'AGRICULTURE

ET LE

COMMERCE.

Par M. le comte de THIEFFRIES - BEAUVOIS.

------◆◄❖►◆------

A PARIS,

Imprimerie Anth°. BOUCHER, rue des Bons-Enfans, n° 34.

1822.

AVANT-PROPOS.

J'eus l'honneur de présenter au Roi, au mois d'octobre 1820, un Mémoire sur la conservation des forêts, dans lequel j'indiquai succinctement les rapports qui lient l'agriculture, dont les forêts font partie, avec l'industrie et les arts. Je présentai cette union comme le fondement de la puissance du souverain et du bonheur des peuples. Des sollicitations supérieures auxquelles j'ai dû déférer, m'ont fait sentir la nécessité de développer mes idées sur un sujet si important. J'avais proposé dans mon Mémoire, que je reproduis à la fin de celui-ci, de créer une administration spéciale pour l'agriculture et le commerce, afin qu'elle pût mettre en harmonie le commerce maritime avec le trafic intérieur. Les considérations que je vais présenter me ramèneront à cette proposition, et en démontreront j'espère toute l'utilité. Le Roi, assisté de ministres éclairés, royalistes, et vraiment patriotes, jugera, dans sa sagesse, des moyens que j'indiquerai pour parvenir au défrichement des terres incultes, qui est l'objet principal de ce nouveau Mémoire.

AGRICULTURE,

DÉFRICHEMENT

ET DESSÈCHEMENT.

Ce qui doit faire la prospérité d'un royaume agricole, tel que la France qui est riche de son fonds, c'est la culture de ses terres. Les peuples qui négligent cet art ne peuvent se procurer qu'une richesse factice et caduque, en s'adonnant au commerce maritime qui est limité par les produits qu'il fait circuler, tandis que l'agriculture ne l'est point par ceux qu'elle multiplie. On trouve en effet en France des cantons, comme la Flandre, où l'on tire jusqu'à trois récoltes par an sur le même champ.

Les nations voisines fondent leurs richesses sur le gain qu'elles font par la navigation et par leurs factoreries, parce qu'elles manquent de territoire. Si elles possédaient les terres incultes de la France, elles sauraient en tirer un tout autre parti que nous ne faisons.

Dans ces états, la population se limite par les travaux qui la font vivre. Lorsque cette population est supérieure aux moyens d'existence, le superflu s'émigre ; et ce mal, car c'en est un, continue tant que le gouvernement ne facilite pas des établissemens dans ses provinces incultes.

C'est sur la population que les économistes et les diplomates calculent la force des états. Ils savent que le souverain jouit de tous les avantages, et profite de toutes les ressources qu'une population nombreuse procure à l'agriculture, au commerce, à l'industrie et aux arts ; tous causes et moyens qui assurent la grandeur et la richesse des nations. Venise et la Hollande ont dû leur puissance à leur commerce et à leur agriculture ; la Suède et l'Angleterre doivent aussi leur prospérité à leur commerce et à leur agriculture ; l'Angleterre, surtout, a fondé sa grandeur et sa force sur l'accroissement de son agriculture, sur l'amélioration de son sol ; elle a trouvé, dans ces deux sources, les moyens d'obtenir un commerce immense qui dédommage le cultivateur de ses travaux. La supériorité dont elle jouit maintenant, a commencé il y a cent cinquante ans.

La science de l'économie politique doit être la boussole de tout gouvernement qui aspire à rendre ses peuples heureux, en leur procurant toutes les jouissances de la vie. L'agriculture, le commerce et l'industrie, favorisés et protégés par une administration éclairée, forment tout ce qui constitue le régime économique et politique d'un état. Dans les temps de trouble, pendant le cours des révolutions qui agitent et bouleversent les empires, cette science de l'économie politique est nécessairement négligée. Il n'y a que le retour aux idées d'ordre qui ramène aux idées de l'économie politique ; car cette science se développe par des calculs, s'approfondit par des raisonnemens ; sans cela elle serait une science sans base fixe, sans principes déterminés. Les Français, long-temps en proie aux factions, ou flottant entre des gouvernemens éphémères et oppresseurs, ont beaucoup perdu sous le rapport du commerce et des arts. Ces gouvernemens, plus occupés de conserver l'autorité que d'assurer le bonheur des peuples, ne se sont pas même douté des ressources que la France leur offrait ; ou s'ils s'en doutaient, c'était pour les épuiser et non pour les renouveler.

Je ne sais si des publicistes ou des administrateurs ont jamais apprécié les produits du sol français ; mais ce que je sais, c'est que les données des administrations locales, sur cet objet, sont fausses. La crainte de voir augmenter l'impôt foncier les a empêchées de dire la vérité. Le maire qui m'a précédé pensait sur cet article comme ses voisins. Pour moi, je crois que si l'agriculture était encouragée et augmentée par le souverain, le sol de la France pourrait fournir pour huit milliards de productions, et porter sa population à plus de 36 millions.

Les deux tiers du royaume ont une assez bonne culture. Les départemens du Nord, du Pas-de-Calais, du Haut-Rhin et du Bas-Rhin, en ont une supérieure à tous. Mais il faudrait que cette culture fût encouragée dans les départemens où elle n'est que médiocre, et qu'on la créât dans ceux où il y a des terres incultes ou peu cultivées ; surtout dans les départemens de l'Ouest, depuis Cherbourg jusqu'à Bayonne. L'augmentation de productions qui résulterait d'un système de culture plus général et mieux entendu, non-seulement replacerait la France dans le rang qu'elle avait il y a trente ans, mais remettrait la balance à son avantage. Son commerce en serait augmenté, son industrie se perfectionnerait, et ses anciennes communications se rétabliraient.

Cet encouragement donné à l'agriculture nécessite des habitations, et ces habitations à faire nécessitent des dépenses. Quand il y a des habitations auprès de terres à cultiver, on ne manque point d'habitans ; car c'est ainsi que les

hommes naissent, se multiplient et se perpé-
tuent. Tous les états se sont formés de la même
manière. Des familles voisines ont formé d'abord
de petits villages. Un grand nombre de villages
rapprochés les uns des autres, ont ensuite formé
des villes, puis des capitales. Les principaux
propriétaires ont exigé des cultivateurs des ver-
semens de récolte, et le souverain a fait des demandes pour les dépenses publiques et pour ses
frais de protection. Un souverain qui provoque
la culture des terres incultes accroît les richesses
de ses états, il en augmente la population, il multiplie les reproductions et les consommations.
Mais il ne peut augmenter la mise en culture des
terres incultes ou couvertes d'eau qu'en faisant
des dépenses. C'est la dépense qui fournit à la
dépense. Celle qu'on fait en faveur de l'agriculture, en multipliant le travail, multiplie aussi
les moyens d'existence. D'un autre côté, le commerce se chargeant de la transmutation du superflu des produits agricoles, pompe le numéraire des peuples voisins et éloignés, et facilite
l'échange de toutes les autres productions utiles.
En dernière analyse, l'agriculture gagne de deux
manières : 1º. par le défrichement des terres
laissées incultes ; 2º. par les améliorations du
sol. C'est sous ce dernier rapport que la France,
inférieure aux autres puissances prépondérantes

en agriculture, gagnerait beaucoup si le gouvernement donnait à cet art tous les encouragemens
qu'il mérite.

Mais il faudrait, avant tout, qu'il détruisît un
préjugé que les opérations financières des gouvernemens précédens ont fait naître, et qui me
paraît un des symptômes de la décadence immi-
nente de l'Etat. Ce préjugé consiste à regarder
aujourd'hui les biens-fonds comme peu productifs, en comparaison des rentes placées sur le
gouvernement. Les produits éphémères des
rentes n'offrent rien de stable, rien qui augmente
les produits de l'agriculture; au lieu que les produits des biens-fonds diminuent la valeur de
l'argent. Plus il y a de richesses dans un état,
plus l'agriculture est encouragée. Je vois des propriétaires négliger l'amélioration de leurs terres
et les vendre pour en placer le prix sur les produits éphémères des rentes. Ils ne s'aperçoivent
pas du tort qu'ils font ainsi à la société. Le pro-
digieux accroissement des rentes transporte le
numéraire et les rentiers dans la ville capitale,
et ruine les campagnes. Toutes les maisons qu'on
bâtit journellement à Paris sont autant de terrains qu'on délaisse dans les provinces. On ne
peut juger d'une nation par le luxe de sa capitale. Il faut examiner, avant de prononcer sur
cet objet, comment vivent les habitans des cam-

pagnes et des villes du plat pays , qui sont dé-
pouillés pour fournir à des dépenses stériles. Les
intérêts énormes que payent les états annoncent
leur décadence. L'Angleterre , avec sa dette publique , serait tombée depuis long-temps, si elle
n'avait pas bouleversé en France les institutions ,
détruit le commerce , envahi tous les points de
relâche avantageux à la marine française , et, à
l'aide de son commerce et de son agriculture ,
trouvé moyen de payer les intérêts de cette
dette.

Les valeurs oisives métalliques ou représenta-
tives qui s'entassent actuellement à Paris, ne viennent que de la décadence du commerce maritime ; et cette ville , au moyen des immenses
capitaux qu'elle possède , exerce une trop grande
influence sur toutes les provinces. La centralisa-
tion dont on se plaint tant , est la conséquence
de cette influence, qui n'est elle-même que le des-
potisme d'une seule ville sur tout le royaume
qu'elle finira par dévorer. Plusieurs auteurs
étrangers , et Rousseau entr'autres , regardaient
Paris comme un gouffre où la fortune de la
France venait s'engloutir. Que diraient-ils aujourd'hui des effets de la révolution sur les provinces , et du luxe et de l'agrandissement toujours croissans de la capitale ? Ce sont les produits d'exploitation qui font la richesse des états

et des particuliers; ces produits ou revenus peuvent s'accroître considérablement, quand le gouvernement n'est pas séduit par de fausses appa-
rences de bien public , quand il donne lui-même
l'impulsion nécessaire , qu'il aide le mouvement
naturel des productions , qu'il excite la consommation et les exportations , et qu'en un mot, il
favorise la reproduction naturelle des fruits de
la terre par les encouragemens qu'il donne à l'a-
griculture et par l'augmentation du travail qui
amène cette reproduction.

Si le gouvernement s'occupait sérieusement
d'encourager l'agriculture , il y aurait un grand
nombre de riches propriétaires qui s'occupe-
raient de défrichemens, et qui, par-là, se prépa-
reraient de grands profits pour l'avenir. Ces
propriétaires de terres incultes ou inondées re-
mettraient à des colons leurs biens divisés en petites et en grandes portions , à charge d'une re-
devance ou prestation en nature , comme cela se
fit , il y a trois ou quatre cents ans et plus , par
les grands propriétaires de France. On augmenterait ainsi la richesse et la population de l'Etat.
Mais oserait-on le faire en ce moment, où l'on
est parvenu de persuader que ces redevances
étaient odieuses , et lorsqu'on dit au peuple que
les seigneurs à qui appartenaient les sommes extrêmement mediques des inféodations, les avaient

extorquées aux habitans des campagnes ? On ne
veut pas voir que l'abolition de ces redevances a
été préjudiciable à l'Etat lui-même qui en avait
dans ses anciens domaines , et que par la vente
des propriétés du clergé, il éprouve une perte
annuelle de plus de 80 millions , somme qui, formant une partie des revenus publics, déchargeait
les cultivateurs d'une partie des impôts. Toute
la Bretagne payait des redevances de ce genre-
là. Il se trouve encore beaucoup d'ignorans qui
soutiennent que les habitans de l'Allemagne sont
esclaves , parce que les seigneurs , dans les contrées où le numéraire était fort rare , leur ont
laissé des fermes à perpétuité , sous la condition
de pareilles redevances annuelles ou d'un certain
nombre de journées de travail que ces mêmes
seigneurs consacrent à la culture de leurs propriétés , soit pour en tirer des productions utiles , soit pour les embellir.

Le mouvement de population qui s'opère quelquefois en notre faveur de la part des étrangers,
ne nous dédommage pas de celui qui se fait
d'une manière inverse, à leur profit , par les
migrations françaises. On arrêterait ce mouvement en peuplant du superflu de population de
certains cantons de la France , d'autres cantons
qui manquent de bras ; en transplantant ce superflu , par exemple , dans les départemens de

l'Ouest et dans tous les lieux où l'on trouve des plaines stériles de trois à quatre lieues, toutes couvertes de bruyères, et dont on tirerait toute espèce de récolte. La Sologne et le Berri, qui sont à quarante lieues de Paris, ont d'immenses terrains incultes. Les bras qu'on transplanterait ainsi, seraient utilement occupés et pourraient offrir d'heureux exemples de culture. On ne verrait plus de Français sortir de leur pays natal, et aller porter nos arts chez des peuples avec lesquels nous sommes en rivalité de commerce et d'industrie. L'augmentation de terrains rendus productifs, diminuerait les impositions actuelles des terres ; elle ajouterait à la circulation par les profits que le commerçant en tirerait, par les mutations et les actes civils qui rapportent des droits au gouvernement. Ces terres elles-mêmes s'amélioreraient par les bras qui les travailleraient, et les bras se multiplieraient à mesure que les terres fourniraient des productions. La population s'accroîtrait, l'industrie et les arts y gagneraient dans les mêmes proportions.

Les moyens de réaliser ces avantages dépendent entièrement du gouvernement. Il faudrait, en attirant le superflu de population d'un pays qui aurait acquis une culture suffisante, dans un pays qui n'en a pas du tout, nettoyer les terrains incultes de toutes les plantes sauvages, et mettre

en vente ces terrains ainsi nettoyés. Les cultivateurs accoutumés aux exploitations toutes préparées, se présenteraient plus volontiers pour les
acquérir. Il faudrait, avant tout, y construire
des habitations.

Un moyen propre à encourager les défrichemens, serait d'aliéner les terres incultes avec ou
sans bâtimens, pour des redevances en grains que
l'on ne percevrait qu'après la cinquième année.
Les terres vagues et vaines dont les communes
prouveraient, par des titres de concession, avoir
acquis la propriété, seraient divisées et aliénées
sous de pareilles conditions; celles qui seraient
propres à être mises en bois seraient plantées.
Avec ces terrains ainsi plantés, on remplacerait
les bois qui ont été si impolitiquement déracinés
depuis six ans, et dont on compte, dans les départemens du Nord et du Pas-de-Calais, plus
de huit mille hectares.

On ne peut révoquer en doute que les terrains, même les plus arides, sont susceptibles de
culture, et par suite d'amélioration. Les bruyères
du Holstein, les sables des environs de Ham-
bourg et ceux du Brandebourg, ne valent pas les
trente-six lieues de pays qui sont entre Bordeaux et Bayonne, et qu'on appelle le département des Landes. Les sables de ce département
n'ont pas moins de qualité végétable que ceux

dont nous venons de parler. Il y croît des sa-
pins, bois si nécessaire à la marine. Si l'on ne
peut en tirer des seigles, du sarrazin, des pom-
mes de terre, que ne couvre-t-on de forêts tout
le pays ? Pourquoi laisser le terrain sans production ? L'insouciance que l'on montre à cet égard
vient aussi, il faut en convenir, du défaut de
patriotisme de la part des propriétaires. Les
Suédois ont su arrêter leurs sables mobiles avec
la culture du sarrazin ou avec la terre-glaise. Les
Anglais ont rendu meubles leurs terres fortes
par le mélange de sable.

Les personnes qui ont voyagé doivent convenir que l'agriculture, dans les trois quarts du
royaume, est de beaucoup en arrière de celle
des royaumes voisins. Le nord de la France avait,
il y a soixante-dix à quatre-vingts ans, de mauvais terrains et de grands espaces couverts d'eau
ou de bruyères ; le ciel et le climat n'y sont pas,
en outre, très favorables à la culture ; cependant,
à force de bras, les laborieux habitans en ont
rendu toutes les terres fécondes. Il y a dans le
département du Nord quatre espèces de terres ;
les bonnes comme les mauvaises donnent une
récolte par an ; les habitans y ont toujours été
encouragés par les principaux propriétaires, qui
consommaient une partie des productions des
basses-cours des fermiers, ou payaient leurs

impositions avec cette espèce de production. On
peut en dire autant des Pays-Bas, voisins de nos
départemens du Nord. Le sol n'y est point supé-
rieur à celui des autres contrées ; il est composé
de terrains qu'on rencontre partout et dans toute
l'Europe ; on y trouve des veines de pierres
blanches calcaires qu'on a mélées, tantôt avec du
sable froid, tantôt avec de l'argile. Le sol des
Pays-Bas a été rendu fécond par ses habitans ;
les possesseurs de châteaux ou le clergé propriétaire n'ont cessé d'encourager et d'instruire les
habitans des campagnes, qui ont puissamment
contribué à rendre les villes riches et populeuses.
Les négocians qui font fabriquer avec les matières
indigènes, ont trouvé dans la population les
ouvriers nécessaires à leurs manufactures; ils ont
trouvé dans la bonne culture des terres le superflu des denrées nécessaires à la subsistance des
ouvriers de plusieurs villes, ils ont procuré aux
habitans devenus riches par l'agriculture, les
moyens et les connaissances nécessaires pour
exporter le superflu des productions.

Les bruyères, en différens lieux, n'appartiennent pas à la même classe de propriétaires ; les
unes sont du domaine public; une grande partie
destinée sous le règne de Louis XII à être mise
en bois, le fut en effet ; mais depuis ce temps,
on a mis beaucoup de négligence à cet égard.

Les communes ont acquis, par l'usage, une espèce de droit sur ces bruyères, en y envoyant paître quelques bêtes à cornes, ou de petits troupeaux de moutons.

D'autres bruyères appartiennent à des particuliers, mais sont abandonnées et n'offrent que quelques mauvais pâturages à des fermiers qui n'ont point eu le courage ou les moyens de les mettre en culture ; les propriétaires n'ont pas su non plus calculer les avantages qu'ils auraient retirés des défrichemens (1). Le département du Nord contient plus d'un tiers des terres qu'on appelle mauvaises dans le reste du royaume, et qu'on y laisse incultes ; cependant les habitans de ce département en tirent tous les ans d'abondantes récoltes : tant il est vrai que ce sont les bras qui fertilisent les terres. Les terres fertilisées

---

(1) On m'offrit, il y a quatre ans, dans le Poitou où je passais, un bien situé près de Mareul, pour 60,000 francs. Ce bien se composait d'un château, de quatre métairies et de six cents hectares de bonnes terres. Il appartient à un habitant de Poitiers, qui a, dans chacune de ces métairies, une ou deux paires de bœufs avec lesquels il ne fait qu'écorcher la terre en culture. Le reste de sa propriété est couvert de ronces et de fougères. Les terres de même nature que celle-là se vendent, dans le département du Nord, 5,000 francs l'hectare, parce que depuis qu'elles ont été mises en rapport, elles produisent l'intérêt de cette somme.

mettent le cultivateur à même de nourrir des bestiaux, et les bestiaux fournissent à leur tour des
engrais qui achèvent ou augmentent la fertilité
des terres; car il est bien reconnu que l'agriculture augmente les animaux qui aident le cultivateur : il n'y a pas jusqu'aux ânes qui ne soient
utiles aux terres et qui ne s'y multiplient. Laisser
dans les deux tiers de la France les terrains incultes, c'est arrêter la population, les arts et le
commerce ; c'est rendre malheureux les deux
tiers des habitans des campagnes, qui restent,
pour ainsi dire, dans un état d'inertie : aussi
quelle différence dans leur manière de vivre,
de se loger et de s'habiller, avec celle des habitans des Pays-Bas et de l'Alsace, qui ont rendu
leurs champs féconds par une culture conti-
nuelle. Ceux-ci ont tout-à-la-fois augmenté leur
aisance particulière et la richesse du gouvernement ; il serait utile d'introduire, dans les pays
où la culture est négligée, le luxe qui existe chez
les campagnards des pays bien cultivés, ce serait un stimulant qui ne pourrait manquer de
réussir.

Mais cette augmentation de fertilité qui double les revenus des propriétaires et multiplie
ceux de l'Etat, doit être provoquée et secondée
par le gouvernement. Les particuliers qui se li-
vrent à des spéculations agricoles, doivent être

encouragés. Il ne faut pas dès qu'un terrain est défriché, que les communes le grèvent d'impositions (1). Dans les trois quarts du royaume, il y a des parties de terrain immenses qui semblent condamnées à une éternelle stérilité. Pour-

______

(1) Je fais défricher, en ce moment, les deux derniers hectares de quinze qui m'appartiennent, et dont le sol produisait une mauvaise tourbe. Sous cette tourbe, j'ai trouvé de l'argile que j'ai mêlée à la terre inculte. En mettant tous les ans le terrain en planches, je l'ai amélioré avec cette argile. Il ne produisait auparavant que de mauvaises herbes qui s'élevaient à peine à trois et quatre pouces; maintenant il donne de bonnes récoltes de toute espèce. La première de cette année sera de l'avoine, la seconde du froment, et la troisième du lin à faire de la batiste. La récolte d'avoine me dédommagera elle seule des travaux et des frais de défrichement, et le terrain, ainsi défriché, vaudra sept fois ce qu'il valait auparavant; j'ai cultivé une autre petite ferme de vingt-cinq hectares, située à Hornain, dans le canton de Marchiennes; j'y ai semé, la première année, sur un terrain médiocre, du lin ramé, et je l'ai vendu ce que valait le fonds qui l'avait produit. La récolte de cette espèce de lin se fait à la fin de juin. Je plantai alors du tabac. Le produit de cette nouvelle récolte me procura une somme égale à la première. Une troisième en navets servit à nourrir mes vaches une partie de l'hiver. L'année suivante, je récoltai du froment. Ce terrain n'est cependant que de la troisième qualité. Lorsqu'après quatre ans de culture il fut mis en bon état, je le louai deux tiers de plus qu'il n'était afferiné avant la révolution. Les propriétaires devraient ainsi mettre leurs terres en bon état, mais les fermiers n'osent le

quoi les administrations inférieures n'ont-elles pas provoqué un défrichement général ? Qu'ont-elles fait depuis trente ans pour l'agriculture ? Rien. Dans trente autres années, qu'auront-elles fait ? Rien encore. Cependant il est de l'intérêt du souverain d'augmenter les productions et les richesses de son royaume, d'accroître l'industrie et les arts que l'agriculture soutient, de nourrir à bon marché les ouvriers, de procurer des bras aux manufactures, de diminuer le prix du travail par l'augmentation des denrées, et d'assurer des profits au commerce qui exporte les produits de l'industrie.

---

faire, dans la crainte qu'à l'expiration du bail, dont le terme est ordinairement trop court, on n'augmente le prix de la ferme. Pour leur ôter cette crainte, et les engager à se livrer aux améliorations, il conviendrait que les propriétaires fissent des baux de vingt ans.

Dans les différens pays que j'ai parcourus, j'ai toujours proposé beaucoup de défrichemens : en 1770, j'accompagnai en Anjou M. le duc de Cossé-Brissac, colonel du régiment de cavalerie de Bourgogne, dans lequel j'étais alors sous-lieutenant. Je trouvai dans ses terres de grandes améliorations à faire; à Brissac, près d'Angers, il y avait un étang considérable qui ne produisait que des joncs, et où je m'amusai un jour à tirer des poules d'eau. Au retour de la chasse, je dressai un plan de dessèchement, au moyen duquel on pouvait mettre cet étang en culture. M. le duc de Brissac le fit exécuter : cet étang produit annuellement 12,000 francs de fermage à son héritier, M. le duc de Brissac actuel.

En 1787 , je proposai au Roi des moyens de
défricher les terres incultes du royaume. C'était
de les distribuer aux abbayes et prieurés. Le
gouvernement aurait livré aux monastères de
pays à grains toutes les terres incultes propres à
en produire , et aux monastères de pays vignobles , les terrains pierreux et montagneux. Ces
abbayes auraient envoyé sur les terrains à défricher des fils de laboureurs ou de vignerons ,
pour lesquels ils auraient fait construire des habitations , et auxquels ils auraient fourni des instrumens aratoires et les bestiaux nécessaires à la
culture. La réussite de ces moyens était certaine.
Ce fut ainsi que Charlemagne et ses successeurs
opérèrent le défrichement du royaume. Les abbayes avaient un grand nombre de frères qui
travaillaient à remuer la terre, ou à dessécher les
parties aquatiques, et ce fut ainsi que les monastères s'enrichirent. Par la suite , on supprima une
partie de ces monastères pour doter des évêques
et des chanoines de cathédrales et de collé-
giales.

La suppression totale des ordres religieux
augmentera le superflu de la population , et cau-
sera , par conséquent, une plus forte migration à
l'étranger. Elle a empêché , pendant la révolution, que la diminution de population fût aussi
sensible que les guerres du dehors et de l'inté-

rieur devaient la faire paraître. Vingt ans de paix augmenteraient la population d'une manière étonnante. Lors même qu'il éclaterait quelques guerres, elles n'arrêteraient point cet accroissement rapide, à moins qu'elles ne fussent aussi destructives que celles de la révolution. Il est donc urgent d'aviser aux moyens d'occuper cette population qui va toujours croissant dans les départemens de bonnes cultures. Le gouvernement ne peut espérer que les générations nées et à naître se transportent dans des contrées incultes pour les défricher et s'y fixer, s'il ne leur en facilite les moyens.

La vaccine, qui previent les ravages de la petite vérole, contribue encore à cet accroissement de population ; et c'est là une nouvelle raison pour le gouvernement de procurer du travail et du pain à cet excédant qui menacera sous peu l'existence de la société entière ; car, ou il faut arrêter les progrès de la population, ou lui assurer les moyens de vivre. Puisque les administrations inférieures de la France n'ont pu parvenir à accroître l'agriculture, ou, pour mieux dire, puisqu'elles ne s'en sont jamais occupées d'après un plan suivi, au moins de manière à procurer aux cultivateurs des secours nécessaires pour en tirer des produits, il faut qu'une administration supérieure s'en charge. Dans l'état actuel des su-

ciétés, et avec les idées qui s'efforcent de dominer, ne pas avancer en économie politique, c'est
rétrograder, parce que tous les états s'occupent
du défrichement des terres incultes.

On laisse en France de grandes parties de
bruyères qu'on pourrait rendre propres à toute
espèce de production; et tous les ans on voit
arriver dans nos ports, et surtout dans les ports
de la Méditerranée, des navires chargés de grains
étrangers! Nous avons chez nous tous les moyens
de nourrir notre population, et nous aimons
mieux avoir recours à l'étranger qu'à nousmêmes. Il entrait, il y a un an, malgré notre
abondante récolte, des blés étrangers dans tous
les ports de France. Nous devrions nous appliquer à diminuer les pertes considérables que
nous faisons dans la balance du commerce, à
réparer celles que nous avons faites en territoire, à recouvrer, sinon la supériorité que nous
avions avant la révolution, au moins un équivalent en productions; nous pourrions le faire
par une sage distribution de bras et de travaux.
L'augmentation des productions en baisserait
le prix, et favoriserait les manufactures, qui obtiendraient des ouvriers à meilleur marché. Elle
empêcherait aussi les fabriques étrangères de
nous envoyer leurs étoffes. Les manufacturiers
français pourraient diminuer le prix des objets

qui sortent de leurs manufactures, et imiter le patriotisme des Anglais, qui, malgré la cherté des vivres, vendent les produits des manufactures de l'Angleterre à un très bas prix ; ce qui occasionne chez nous la contrebande et nécessite un grand nombre de douaniers. De quelle importance ne serait pas l'exécution du plan que je propose ? Il rétablirait la France dans son ancienne prépondérance sur le continent, en augmentant, par le défrichement, et ses productions et sa population.

Les habitans des divers pays qui viendraient acquérir ou cultiver, pour les acquéreurs, ces terres déjà préparées pour une meilleure culture, apporteraient des connaissances qu'ils auraient puisées dans leur pays, où la population se serait accrue par beaucoup de productions. La même bonne culture aurait, sur ces terrains défrichés, les mêmes effets qu'elle a eus ailleurs. Dans le cas où ces terres incultes ne seraient pas vendues après un défrichement préparatoire, le roi pourrait faire, pour les colons qui se présenteraient, ce que l'empereur Joseph fit pour les Alsaciens et les Lorrains qui peuplèrent le bannat de Temeswar, la Croatie et les contrées voisines : il y fit bâtir des villages entiers (1).

____

(1) Étant à Vienne, en 1788, je vis sur le Danube des b..

La France ne peut relever ni soutenir sa marine qu'en conservant, en augmentant ses productions forestières. Elle ne peut protéger son commerce, ni défendre ce qui lui reste de colonies, qu'en relevant cette marine. C'est aux grands propriétaires jaloux de la gloire de la France qu'il appartient de concourir aux progrès de l'agriculture : eux seuls peuvent donner l'exemple, et rendre utiles les connaissances qu'ils ont sur cet art. Le peuple, borné dans son éducation et occupé de gagner sa vie, ne peut rien perfectionner. L'homme riche, secondé, encouragé par le souverain, approfondit les principes, les combine avec les faits, et tire de cette combinaison les conséquences les plus

---

teaux de transport remplis de familles françaises qui s'étaient embarquées à Ulm, aux frais de l'empereur. Il en passa tout l'été de cette année. A mon retour en France, je me hâtai de rendre compte au ministre de cette migration qui avait commencé les années précédentes. Ces migrations avaient augmenté plus anciennement la population de la Moravie. Il y a dans ce pays des villages composés de Français d'origine, et dont le langage le plus usuel est le français. Pourquoi notre gouvernement ne ferait-il pas pour les siens ce qu'ont fait les gouvernemens étrangers ? Pourquoi ne donnerait-il pas des habitations aux bras qui peuvent rendre fécondes des terres incultes ? Les plus solides conquêtes auxquelles la France peut le plus sûrement aspirer, sont celles qu'elle fera sur l'agriculture.

avantageuses. La nature n'est point ingrate ; la plus mauvaise terre produit au moins le double des frais pour celui qui sait la cultiver. Les préjugés de l'ignorance s'opposent encore aux plus grands intérêts du cultivateur routinier, qui préfère un petit produit qui ne lui donne que peu de travail.

Tous les souverains favorisent l'agriculture, parce qu'elle est la source la plus abondante des richesses d'un état. Elle établit sa puissance sur des fondemens solides, en fournissant tous les moyens de la rendre formidable, en procurant aux armées tout le matériel nécessaire, en augmentant la population, proportionnellement à l'étendue du pays, en aidant la propagation des animaux et la multiplication des bois dont un état ne peut se passer. Parmi les souverains qui ont créé ou protégé l'agriculture dans leurs états, on peut compter Louis XIII, Henri VIII, roi d'Angleterre, Pierre-le-Grand, en Russie, Charles XII, roi de Suède, Fréderic II, roi de Prusse, qui fut aussi le premier commerçant de l'Allemagne. Lorsque ce prince voyageait, il s'arrêtait dans les villages, et donnait aux laboureurs des leçons de culture. Son contemporain, Joseph II, a rendu à l'agriculture des terrains stériles ; il a peuplé de cultivateurs étrangers la partie orientale de ses vastes états,

Tous les souverains que je viens de citer remplissaient les fonctions importantes de ministre d'agriculture et de commerce. Tout bon Français doit désirer tout ce qui peut tirer la France de l'état de langueur où est son agriculture, et provoquer des méthodes qui donneraient aux terrains incultes de la France la même fertilité qu'à ceux de la Belgique.

Les vignobles, qui sont aussi une partie intéressante de l'agriculture, sont loin d'être soignés comme ils devraient l'être. On néglige le choix des plants; on s'attache à la quantité et non à la qualité des vins. Cependant la bonne culture des vignobles augmenterait les exportations en pays étrangers, et ces exportations seraient avantageuses aux propriétaires et à la balance du commerce.

Le gouvernement a deux moyens d'opérer de grands défrichemens, c'est d'en charger une compagnie financière qui ferait les premières avances et qui s'obligerait à défricher et à dessécher annuellement une certaine quantité de terrains qu'on pourrait fixer à la cinquantième partie des terres à mettre en culture. Il y a en France cinq millions d'hectares en landes, et quatre cent mille qui sont inondés. Chaque hectare coûterait à défricher cent cinquante francs. En comptant six millions d'hectares, il en coûterait neuf cent millions pour les rendre à l'agriculture. Comme on ne mettrait tous les ans en rapport que la cinquantième partie de ces six millions d'hectares, il n'en coûterait de défrichement annuel que la cinquantième partie des neuf cent millions.

Le second moyen nécessaire qu'a le gouvernement, c'est de nommer un ministre spécialement chargé de l'agriculture et du commerce. J'ai dit combien un pareil ministre serait nécessaire au perfectionnement de l'une et aux progrès de l'autre. Il commencerait ses opérations par ouvrir, dans le plus grand nombre des départemens de la France, les communications qui leur manquent; car une des causes qui ont retardé les progrès de l'agriculture, c'est le défaut de communications. Tous les départemens du centre du royaume et ceux de l'Ouest en sont privés pendant les deux tiers de l'année. Il faudrait en établir au moyen de chemins qui traverseraient le pays au moins de vingt-cinq pieds. On se servirait pour les faire ou les ouvrir des troupes d'infanterie.

Il faudrait ensuite reconnaître la quantité des terres en bruyères et sans aucune espèce de culture, et quels en sont les propriétaires. Les terres vagues appartiennent à l'État; les terrains inondés et les étangs qui n'ont pas de propriétaire

particulier, lui appartiennent aussi. Les propriétaires de terres incultes paieraient les impositions des prairies de troisième classe, ou bien
ils céderaient ces terres au gouvernement, sur le
pied fixé d'après le capital de l'impôt. Si ces terrains appartenaient à des communes, l'administration de l'agriculture leur en paierait la rente.
A mesure qu'ils seraient réunis au domaine de
l'État, on les diviserait en portions de seize et
huit hectares ; on bâtirait des maisons d'exploitation ; on travaillerait au défrichement ; on ar-
racherait les ronces, les épines et les fougères ;
on sèmerait du sarrasin et de l'avoine au profit
des travailleurs, et l'on formerait une caisse pour
eux. Ces portions de terrain ainsi défrichées,
et sur lesquelles on aurait construit des habitations, seraient mises en vente et à l'enchère,
sans aucun frais. Cette vente serait affichée dans
tous les départemens bien peuplés. Celui qui
achèterait une de ces exploitations aurait ses fils
exempts de la conscription, parce qu'il serait
censé servir l'État. On établirait, dans chaque
département où il y a plus de six mille hectares
de terres incultes, une école-modèle et pratique
d'agriculture, où l'on enverrait tous les enfans
qu'on trouverait demandant l'aumône, dans les
pays les plus peuplés. Tous les propriétaires de
terres incultes qui feraient défricher, obtien-

draient deux enfans mâles et femelles des dépôts d'enfans-trouvés, et ils seraient exempts de contributions pendant vingt-cinq ans. Comme les enfans-trouvés appartiennent naturellement à l'État, on en établirait des dépôts dans les villes où il n'y en a pas. Il serait pris des moyens plus efficaces pour prévenir les infanticides, trop communs et souvent ignorés.

Les propriétaires défricheurs seraient tenus de planter autour de chaque portion de terrain, de huit et seize hectares, des arbres propres aux constructions, aux instrumens aratoires et aux bois de chauffage. Des ingénieurs militaires, et les troupes qui leur sont attachées, feraient la distribution et l'arpentage de ces portions de terrain, et feraient poser des bornes. Des détachemens de ces troupes seraient répartis selon le besoin. Les ingénieurs civils marqueraient les routes, les moyens de nivellement relatifs aux desséchemens et les ponts à faire. Le Roi fournirait des compagnies de chaque bataillon d'infanterie, composées de soldats nés à la campagne, et des gens de métiers tels que charpentiers, couvreurs, etc. La caisse de l'administration d'agriculture leur paierait en argent une double solde. Le gouvernement ferait une avance de cent francs par hectare pour les bâtimens, défrichemens et autres frais; cette avance lui

serait remboursée lors de la vente des portions
de terrain mises en état de culture. Dans les terrains malsains, on emploierait des forçats au
défrichement. Les forêts de l'État fourniraient
les bois propres aux constructions ; les déchets
serviraient au chauffage des troupes. Le bois
coupé serait marqué par les agens forestiers, et
dans la forêt la plus voisine du défrichement.
Les habitans qui couperaient et voitureraient
ces bois nécessaires aux bâtimens seraient bien
dédommagés de leur travail, par le bien-être
que le pays en retirerait, et par les facilités des
communications : ces charrois se feraient dans
le temps où les travaux des champs le permet-
traient.

Tous les moyens de défrichement ont été ten-
tés, excepté celui que je viens de proposer. Le
dernier qui avait été adopté se faisait par loca-
tion de terres incultes, et par baux à longs ter-
mes. Mais, comme on peut en juger par un rapport fait au Roi en 1820, par le ministre de l'intérieur, ce moyen n'a pas réussi. « Les commu-
» nes, dit le ministre, ont montré peu d'em-
» pressement à suivre les conseils qui n'avaient
» pas toujours été aussi désintéressés. Le con-
» seil-général d'agriculture, dit-il encore, s'est
» convaincu de la nécessité d'exciter au défri-
» chement par des encouragemens plus déter-

» minans, puisque l'expérience prouve qu'ils
» ne sont pas suffisamment encouragés par les
» lois du 3 frimaire an VII, et du 16 septembre
» 1807, dont la faveur ne va guère au-delà
» d'une exemption d'impôts. »

Le conseil d'agriculture ayant arrêté que le défrichement se ferait par colonisation, et en employant des familles pauvres et laborieuses et d'anciens militaires, le ministre demanda quinze mille hectares pour épreuve ; mais comme le transport d'habitans et leur établissement sont très coûteux, et que le système de colonisation pourrait être aujourd'hui trop onéreux au Roi de France, qui a des arsenaux à remplir et une marine à rétablir, le meilleur parti qu'on pourrait prendre serait de concéder en propriété à une compagnie de financiers tous les terrains en friche et aquatiques. Je connais des Hollandais qui se chargeraient des premières avances. Leur aptitude pour ce genre de travail est bien prouvée ; non-seulement ils ont desséché dans leur pays des provinces entières, et reculé le flux de la mer de plus de vingt lieues, pour exploiter des terrains plus bas que son niveau de trente et quarante pieds ; leurs digues sont un ouvrage qui prouve leur opiniâtreté dans les entreprises difficiles. Nous voyons chez nous, depuis Luçon jusqu'aux Sables-d'Olonne, des marais de sept à huit lieues de large qui ont été desséchés par eux, et qu'on nomme le Marais des Hollandais.

La compagnie concessionnaire ferait bâtir des habitations, et distribuerait les terres à défricher à des colons. Il y a quelques départemens où se trouvent de riches propriétaires qui travaillent à l'amélioration des terres ; mais il n'y a que ceux qui opèrent d'après des calculs fondés sur l'expérience, qui réussissent. Il faut dans le défrichement et le dessèchement de grandes avances, auxquelles le gouvernement devrait contribuer en raison du produit qu'il retirerait de la mise en culture.

En même temps qu'on emploierait pour améliorer et perfectionner l'agriculture, un des deux moyens que je viens de proposer, il faudrait que le ministre qui en serait chargé ajoutât d'autres moyens qu'il lui serait facile d'obtenir, il faudrait qu'il travaillât à diminuer le prix de la boisson appelée piquette ou petite bière ; car le haut prix où elle est portée ne contribue pas peu à augmenter le nombre des mécontens parmi les ouvriers et les laboureurs (1). Pour que l'agri-

---

(1) Avant la révolution, cette classe d'hommes payait, dans le département du Nord, trente sous un tonneau de petite bière, que les brasseurs tirent du marc ou résidu de la forte bière. Cette petite bière, qui avait bouilli pendant six heu-

culture débite toutes ses productions, il faut que
le gouvernement entretienne un prix moyen dans
la vente des productions de première nécessité.
Ce prix moyen est nécessaire pour la consom-

---

res, était agréable, rafraîchissante et nourrissait l'ouvrier.
Aujourd'hui que le tonneau de cette boisson coûte 10 francs,
parce qu'il paie les mêmes droits que le tonneau de la forte
bière qui en coûte 18 à 20, l'ouvrier est obligé de s'en priver.
Cette privation est pour lui la cause de beaucoup d'indispo-
sitions. Son tempérament, que le travail altère, n'est point
rafraîchi par l'usage de la forte bière, dont il boit le diman-
che avec excès. Le fisc d'ailleurs ne gagne rien à percevoir un
droit égal sur la petite et sur la forte bière. Les brasseurs qui
ne vendent pas la petite, la mêlent avec la forte, dont ils fournissent les cabaretiers et les aubergistes, et dont les voyageurs
en général boivent très peu. C'est donc un moyen de fraude
qu'on procure aux brasseurs, et rien de plus. L'administration
des droits-réunis sait que ceux-ci mêlent avec le brassin de
vingt-quatre tonneaux de bière, seize ou vingt tonneaux de
petite bière, et que rarement on les prend en contravention,
parce qu'ils ont beaucoup de moyens d'échapper à la surveillance des commis. Il faudrait donc modérer le droit d'après la
valeur de la petite bière, et rendre aux ouvriers une boisson
qui convient à la nature de leurs travaux. Outre que ces petits
avantages fixent l'ouvrier dans son pays, ils contribuent encore
à diminuer le prix de la main-d'œuvre. Cette diminution offre
moins de gain aux contrebandiers et plus de profits sur l'exportation et sur les objets manufacturés. Là où la main-d'œuvre
est à bon marché, la consommation augmente. La viande coûte

mation de la classe industrieuse. Le surplus des denrées, qui en diminuerait trop le prix, s'écoule par la voie de l'exportation, et devient un article intéressant dans la balance du commerce. Le gouvernement ne doit pas oublier, dans les années abondantes en grains, de s'assurer que les grands propriétaires conserveront une quantité de grains suffisante pour le mettre, jusqu'à la fin du printemps, à l'abri des événemens désastreux d'un hiver extraordinaire. Le moyen qu'il aurait à prendre pour s'en assurer, serait d'avoir des magasins chez les propriétaires auxquels il paie-

---

aujourd'hui un tiers de plus qu'avant la révolution, ce qui ne fait pas l'éloge de l'état actuel de l'agriculture ; car la super—ficie de la France n'a pas diminué, et la population est moindre dans les villes qu'autrefois. Depuis vingt ans, il y a beaucoup d'émigrations d'ouvriers et même de paysans. J'en ai trouvé plusieurs dans des villages d'Autriche, en 1811. On était très content d'eux, et ils s'y plaisaient beaucoup. La diminution du gibier en a aussi causé le renchérissement. La viande en était utile dans plusieurs maladies dont l'excès de fatigue est souvent la cause. Le gibier, devenu plus rare, fait consommer plus de viande de veau ou de mouton, et par conséquent en fait haus—ser le prix. Il ne serait donc pas inutile d'empêcher de chasser ou de tendre des lacs ou des filets qui détruisent, avant la moisson, le peu de gibier qui se trouve dans cette saison. Dans mon canton, on ne rencontre plus un seul lièvre, et l'on y voit tout au plus huit à dix perdrix.

rait, au prix courant, la quantité nécessaire pour aller jusqu'au mois d'avril. A cette époque, les propriétaires auraient la permission d'exporter leur superflu. Le gouvernement, qui a la haute main sur le commerce, maintiendrait constamment le prix du pain à la portée de la classe ouvrière, et paierait aux propriétaires conservateurs la baisse qu'ils pourraient éprouver. Le gouvernement profiterait à son tour de la hausse que la permission d'exporter amènerait dans le prix du grain.

Il faudrait aussi que le gouvernement n'enlevât à l'agriculture et aux arts que la quantité de bras qui est strictement nécessaire au maintien de la sûreté publique. Pourquoi la France entretient-elle, en temps de paix, deux cent quarante mille hommes sous les armes? Avant la révolution, elle n'en entretenait que cent cinquante mille. J'ai prouvé, dans ma constitution militaire, proposée en 1787, que cent mille suffisaient pour faire le service des places frontières ; qu'en augmentant l'armée de deux cents autres mille hommes, en temps de guerre seulement, on ferait une grande économie en temps de paix, et que, dans le besoin, on aurait une armée qui ne serait point inférieure à celle d'Autriche et qui serait supérieure à celle de la Prusse.

3..

Cette économie devrait, en ce moment, tourner au profit de la marine , qu'on ne peut se dispenser de rétablir.

La France ayant pour voisins des souverains dont toute la force consistait dans des armées de deux ou trois cent mille hommes, et, d'un autre côté, une rivale dont la puissance reposait principalement sur des flottes formidables , devait se mettre en état de se faire respecter des uns et des autres. Pour y parvenir , elle se constitua dans un *déficit* de 53 millions. J'offris , dans le temps, un moyen de faire disparaître ce déficit ; je proposai , en 1787, une constitution militaire en trente-neuf chapitres, que j'ai reproduite en 1814, et que j'ai remise sous les yeux des princes. Je la crois plus que jamais nécessaire à la France , pour faire face à ses dépenses, et empêcher que les impôts , déjà trop pesans , ne soient augmentés en temps de guerre. L'économie que ce plan procurerait , fournirait les premières sommes nécessaires pour entrer en campagne. Les entrepreneurs des différentes fournitures seraient moins exigeans , lorsqu'on les paierait au comptant. Par cette constitution, on laisserait à l'agriculture et aux arts des bras qui contribueraient puissamment à l'entretien des armées de terre et à la marine.

L'Autriche et la Prusse ont des armées bien
constituées, que le souverain rend le moins oné-
reuses qu'il est possible à ses Etats; il n'en con-
serve que le tiers sur pied en temps de paix. Il y
a quarante ans que je vis ces armées; à cette
époque, elles avaient pour chefs Joseph II et le
grand Frédéric. Une autre armée, celle du roi
de Suède, possédait des terres qu'elle cultivait;
chaque régiment avait un canton dont les récoltes
le nourrissaient et le payaient. Le but de la constitution militaire de ces souverains était de laisser
à l'agriculture et aux arts les bras qui pouvaient
en augmenter les productions, et fournir au
commerce l'exportation du superflu, en échange
duquel ces peuples se procuraient les objets dont
ils manquent. La France, entourée comme elle
l'est, peut avoir trois cent mille hommes prêts
à marcher dans les départemens frontières; ces
corps de troupes se réuniraient en trois jours, et
fournis des objets nécessaires en magasins, ces
corps de troupes formeraient un avant-corps
d'armée qui s'emparerait des positions avantageuses sur les pays étrangers; un tiers, composé
moitié de cavalerie et moitié d'artillerie, servirait
volontairement, comme cela arrivait avant la
révolution; les deux autres tiers seraient fournis
par la conscription; ils seraient formés pendant

un temps de l'année au maniement des armes et aux évolutions. Le tiers qui aurait choisi par goût le métier des armes, et qui serait enrôlé pour seize ans, en continuant le service jusqu'à quarante, obtiendrait une retraite prise sur la retenue qu'on ferait à chacun des soldats, et dont on lui paierait l'intérêt après la seconde année : l'espoir de jouir de ce petit avantage l'attacherait au service ; les conscrits, après qu'ils auraient été formés aux manœuvres et aux évolutions, serviraient douze ans ; au bout de ce temps, ils pourraient s'enrôler et jouir de la retraite accordée aux autres militaires (1).

La proposition que je fais d'avoir une armée de trois cent mille hommes, dont deux cents viendraient joindre une fois par an leurs corps cantonnés ou campés pour s'exercer aux grandes

____

(1) L'admission à l'hôtel des Invalides ne devrait être accordée qu'aux militaires hors d'état de se servir utilement de leurs membres. Tous ceux qui peuvent encore travailler, soit à la terre, soit à quelques métiers, devraient être renvoyés chez eux, avec une retraite fixée aux deux tiers de ce que coûte un invalide à l'hôtel : ces deux tiers leur seraient plus avantageux et seraient plus économiques pour le gouvernement que la dépense qu'ils occasionnent aujourd'hui, dépense qui tourne en grande partie au profit des fournisseurs de l'hôtel.

manœuvres et aux évolutions, offre les moyens,
1°. d'avoir toujours une puissante armée sur
pied, sans nuire à l'industrie, ni aux arts , sans
priver l'agriculture des bras qui lui sont nécessaires ; 2°. de fournir à l'entretien d'une marine
respectable ; 3°. d'avoir aussi en coffre de quoi
entrer en campagne si la guerre devenait indispensable.

AGRICULTURE,

CULTURE DES BOIS.

La restauration de la marine que j'ai déjà présentée comme instante, devrait attirer aussi l'attention du gouvernement, et occuper l'administration supérieure que je propose ; cette restauration ne peut se différer. La suprématie dont l'Angleterre jouit sur mer, enlève à tous les peuples navigateurs les droits naturels de commerce, dont ils ont intérêt à se conserver le libre exercice ; mais cette restauration ne peut s'opérer qu'en donnant aux forêts de l'Etat un régime capable de fournir, au bout d'un certain nombre d'années, des arbres propres aux constructions navales. Charlemagne fut le premier qui sentit la nécessité d'établir une marine ; elle n'eut d'abord pour objet que de défendre les côtes. Sans parler des nations anciennes, qui se sont rendues puissantes au moyen de leur marine, nous avons vu, dans les derniers siècles, les Vénitiens et les Hollandais s'enrichir à l'aide de leurs flottes ; l'Espagne a augmenté ses possessions et son commerce par sa marine ; les Anglais, comme on

le voit, n'ont fait tant de conquêtes extraordi-
naires qu'avec leurs vaisseaux ; la Russie, qui va
devenir, dans peu d'années, la rivale de l'Angleterre, doit une grande partie de ses avantages à
la marine qu'elle entretient, et qui a commencé
sous Pierre-le-Grand. Son commerce a été favo-
risé par le transport de ses productions, et il s'est
accru dans une proportion étonnante ; ainsi que
sa population, sa richesse territoriale et son
industrie. La France, que des circonstances
peuvent rétablir sans guerre dans les forteresses
qu'elle a perdues, ne recouvrera son ancienne
puissance que par le rétablissement de sa marine;
mais on ne peut espérer ce rétablissement si on
n'en prépare pas les moyens par un régime avantageux des forêts.

Les bois ont aussi une culture ; cette culture
est aujourd'hui négligée par les agens de l'administration forestière, parce que la plupart ont
peu ou point de connaissance dans cette partie.
Il est cependant de la plus haute importance que
les forêts fournissent du bois à la marine royale;
les déracinemens qu'on a faits depuis quelques
années, ont porté sur des portions de bois considérables de l'Etat ; les particuliers en ont aussi
beaucoup défriché. La marine marchande et les
armateurs se sont ainsi vus privés des moyens de
faire au commerce anglais une guerre qui lui

était bien autrement désastreuse que celle que la
marine militaire pouvait lui faire. Quelle immen-
sité de terrains en France qui ne produisent que
peu de bois ! Il n'y a qu'un petit nombre de particuliers qui connaissent tout le prix que l'on doit
mettre à faire croître beaucoup d'arbres, et à les
soigner de manière qu'ils s'élèvent aussi haut que
le terrain peut le permettre ; et il y a peu de
terrains qui se refusent à leur croissance, quand
on ne se presse pas de la hâter. Les forêts plantées sous Charlemagne, et plus récemment sous
le ministère de Sully, sont depuis long-temps
extrêmement négligées, et cela, par une économie mal entendue. Une ordonnance de 1669 a
réglé tout ce qu'il y a de bon à faire dans l'amé-
nagement des forêts ; toutes les dispositions y sont
de pure police. Parmi les grands abus qui se sont
introduits dans cette partie, le plus nuisible est
la liberté qu'on laisse aux bestiaux d'entrer dans
les forêts ; les bêtes à cornes y rongent les bois,
ainsi que les bêtes à laine. On y fauche les herbes,
et on coupe les plantes qui viennent de semis ;
ce sont les gardes forestiers qui entretiennent cet
abus, en recevant en pension des bestiaux qui
ne leur appartiennent pas : il faudrait, par des
économies, les dédommager de ces petits bénéfices, et les instruire dans la connaissance de
transplanter des petits arbres d'un terrain dans

un autre, et d'en soigner la croissance. Il y a
d'autres abus dans le régime actuel des forêts ;
je n'entrerai pas dans le détail de ces abus, ni
dans le développement des moyens d'amélioration; mais je dirai que pendant plusieurs années
les forêts du département du Nord ne suffisaient
pas aux frais de l'administration.

Plusieurs propriétaires de bois se voyant enlever leurs arbres à moitié de leur valeur, ont
abattu la haute futaie, et n'ont conservé que la
basse qui leur donne des produits plus multi-
pliés. Les bois de l'Etat ont été abandonnés, les
chênes ont été négligés. Pour rendre à la marine
les bois propres aux constructions navales, il
faut changer le régime des forêts. Le plus avantageux qu'on pourrait leur donner, serait d'a-
voir des futaies sur taillis. Ce taillis serait coupé
tous les seize ans, et l'on pourrait ainsi replanter
les clairières, et choisir, parmi les jeunes bali-
veaux, ceux qui seraient nécessaires aux constructions navales. Trois coupes, faites à la dis-
tance de seize ans chacune, rendraient davantage au trésor qu'une coupe de quarante-huit
ans ou cent ans; car, dans la plupart des taillis,
les souches sont épuisées au bout de vingt ans,
leur croissance devient lente, et les cinq sixiè-
mes des rejetons qui existent à seize ans, sont
morts avant d'avoir atteint quarante-huit ans.

Les futaies, en massif, sont, en général, moins avantageuses que les futaies sur taillis ; car quand ce massif croît sur des souches, comme je l'ai vu presque partout, les arbres qui en sortent sont défectueux avant d'avoir atteint la grosseur nécessaire pour la charpente ; et si l'on fait de temps à autre des éclaircies, les souches meurent, ou les rejetons qu'elles pourraient produire ne viennent pas. J'ai adopté pour mes bois d'Hélesme, dans le département du Nord, un régime que quelques-uns de mes voisins ont adopté aussi ; et leurs arbres deviendront, comme les miens, hauts, droits et d'une belle écorce. Je ne suis pas le premier agronome qui ait reconnu que les arbres, croissant dans un taillis, ont des qualités supérieures à ceux qui viennent en masse. Ils sont plus durs, plus forts ; les impressions du chaud et du froid leur donnent des qualités essentielles que n'aura jamais l'arbre qui a crû en masse ; l'influence du grand air sera reconnue par les physiciens. Toutes les plantes qui croissent au grand air, profitent mieux que celles qui en sont privées. L'arbre qui peut étendre ses branches et ses racines, acquiert bien plus de force que celui qui est resserré dans une masse par ses voisins. Les éclaircies que l'on fait dans les massifs, n'obvient pas assez à cet inconvénient.

Il est important d'encourager la culture des bois et d'empêcher une dévastation qui, à la vérité, est moindre que celle qui avait lieu il y a quelques années, mais qui existe encore. Il faut, pour cela, d'autres moyens que ceux dont on s'est servi jusqu'à ce jour. Il faut, avant tout, des administrateurs plus instruits, plus attachés à leurs devoirs, plus intéressés à la gloire de l'Etat, et dirigés par l'honneur, plutôt que par l'intérêt. Depuis long-temps je suis la régie des bois ; j'y ai découvert tous les abus qui existent, et ils sont énormes. Je ne vois pas d'autre moyen pour conserver des bois aux constructions de la marine, que d'en donner la direction à la marine même, qui en ferait son affaire, et abandonnerait aux domaines les arbres qui ne pourraient pas lui convenir. C'est bien le contraire qui a lieu en ce moment ; les agens du ministère des finances trouvent qu'il faut faire de l'argent, et coupent les arbres qui, dans la coupe à venir de la même taille, seraient devenus propres à la marine. Il me semble qu'un officier de la marine, joint aux contre-maîtres employés dans les départemens, suffirait pour soigner les bois, de manière à fournir les espèces qui lui seraient propres (1). Les

____

(1) Aujourd'hui les contre-maîtres vont, il est vrai, dans les bois marquer les arbres qui conviennent à la marine;

conservateurs seraient les commissaires du gouvernement; ils auraient, comme inspecteurs, tous
les cantonistes de chasse ; ceux-ci auraient les
gardes pour surveiller la conservation et les
plantations. Les propriétaires domiciliés pourraient seuls obtenir le droit de chasse dans un
ou deux cantons. Comme il se trouverait beaucoup de propriétaires de bois qui seraient indé-
pendans de tous les petits abus qui existent, et
plus instruits que les inspecteurs qu'on leur
a donnés, ils auraient aussi plus à cœur le
rétablissement de la marine française et du
commerce. On ne peut mieux confier l'administration forestière qu'aux familles qui servent l'E-
tat par honneur , depuis des siècles. Mais il faudrait que le ministre de la marine fût le chef de
cette administration et qu'il en fît son affaire
propre. Les ventes des bois appartiendraient au
domaine. La police en serait confiée , comme je
l'ai dit, aux agens de cette marine, aux inspecteurs et aux gardes ; les délits portés aux procu-
reurs du Roi , seraient jugés par les tribunaux de
première instance. Mais il faudrait établir un

---

mais l'administration des forêts fait couper les arbres avant
qu'ils aient atteint la grosseur nécessaire ; ce qui est un double
tort pour les bois et la marine elle-même.

nouveau Code pénal pour cette partie, car celui qui existe aujourd'hui ne suffit pas pour la répression des délits.

Cette administration inférieure, locale, peu coûteuse, serait plus à portée de soigner les bois. On diviserait les forêts en cantons de chasse de deux cents hectares, et on distribuerait ces cantons aux propriétaires voisins qui voudraient avoir le droit de chasse dans les bois ; ils y trouveraient des moyens de conserver le gibier, que ne peuvent leur procurer leurs propriétés rurales, disséminées sur le territoire d'une commune. Ces propriétaires qui habitent la campagne ont plus de connaissance sur la culture des bois que les agens forestiers qu'on tire des bureaux. On trouverait parmi ces propriétaires des inspecteurs-généraux et particuliers qui seraient véritablement attachés à leur pays, et qui auraient l'amour-propre de remplir les devoirs qui leur seraient imposés.

Cette administration inférieure serait bornée à la culture, à la replantation, à la police des bois ; elle correspondrait avec les ministres de la marine et des finances pour les ventes de bois abandonnés par les agens de la marine. Le nombre des gardes serait doublé ; ils seraient pourvus d'un manuel d'instruction et de service. Le reste des sommes que coûte l'administration actuelle, serait consacré en frais d'amélioration les plus urgens. On conserverait aux communes les droits d'usage, sous la condition qu'il n'entrerait dans les bois que des jumens poulinières. J'ai élevé dans mes bois des poulains qui avaient des qualités excellentes pour la guerre. Ce serait un moyen d'augmenter ces animaux utiles et d'en perfectionner l'éducation. Les régimens, faisant leur remonte par eux-mêmes, se procureraient par toute la France l'espèce de chevaux nécessaire à la nature de chaque service. La certitude de vendre leurs chevaux encouragerait l'émulation parmi les agriculteurs. L'émulation augmenterait la multiplication des espèces, ce qui ne peut avoir lieu quand les achats se font par un seul homme en Normandie, et dans une ville où les campagnards éloignés ne peuvent en conduire.

Il y aurait un autre moyen, sans contredit plus actif, d'augmenter les productions forestières ; il serait conforme à ce que me disait un jour le grand Frédéric, que je rencontrai dans son jardin du Petit Sans-Souci. Il était d'avis qu'un souverain ne devait pas avoir de propriété, parce qu'il avait toujours remarqué que ces propriétés étaient mal administrées, et que le souverain est souvent volé. Pour éviter ces inconvéniens, Frédéric pensait qu'il fallait

vendre ces biens, et en percevoir les impositions. Les bois vendus, par exemple, par portion de deux cents hectares, avec défense de
les défricher, seraient bien plantés, bien gar-
dés, et fourniraient au moins un tiers plus
d'arbres qu'il n'en croît actuellement dans les
bois de l'État. Chaque acquéreur fournirait tous
les ans tant de stères de bois par portion déter-
minée par le cahier des charges ; s'il n'existait point d'arbres, il s'obligerait d'en planter,
et de payer la valeur en argent selon le prix
marchand ; et il serait obligé de faire rendre
à ses frais, dans les dépôts les plus voisins de
ses bois, la fourniture qu'il aurait à faire. Ces
bois, emmagasinés dans les ports, ateliers d'artillerie, auraient tout le temps de sécher, et seraient ainsi plus propres à la construction. On
viendrait par le même moyen, c'est-à-dire par
des ventes, au secours de la marine marchande,
qui mérite bien aussi d'occuper l'attention du
gouvernement. La masse des productions forestières deviendrait, dans ce système, incom-
parablement plus considérable. Le gouvernement en tirerait plus de secours pour sa marine,
plus de revenus pour son trésor ; le public trouverait plus de bois à brûler, plus de bois de
construction devenu si cher et si rare pour les

usines, les instrumens aratoires et la navigation
intérieure. L'exécution de l'un ou de l'autre système d'administration serait incontestablement
plus avantageuse à l'État que l'administration
qui existe aujourd'hui. Le premier mode est
plus économique; il offre une plus grande surveillance exercée par les propriétaires ; plus de
garanties, plus d'activité, et des soins plus naturels, puisque ces propriétaires garderaient les
bois en y chassant , et connaîtraient d'un coup-
d'œil les dommages et les vols qu'on y ferait.

Le second mode d'administration serait extrêmement avantageux à la marine et à l'artillerie.
Le gouvernement ne serait plus forcé d'exporter
cinq ou six millions, même en temps de paix ,
pour acheter des bois chez l'étranger. Les pays
frontières, qui sont obligés aussi d'y recourir ,
trouveraient de quoi s'approvisionner dans nos
propres forêts.

Dans l'un ou l'autre mode , la direction supérieure des forêts, déléguée au ministre de la marine, ne dérangerait en rien le service de l'administration des finances qui a les bois dans ses attributions. Mais il faudrait que la surveillance
des coupes fût , comme je l'ai déjà dit, confiée à
d'anciens officiers de marine retraités , auxquels
on paierait les frais de route. Ces officiers em-

pêcheraient qu'on ne coupât de trop bonne heure
les bois qui peuvent servir aux constructions navales ; ils indiqueraient aux inspecteurs la manière de faire croître les chênes pour avoir des
courbes qui sont rares dans les bois , parce qu'en
général on n'aime pas les arbres tortueux.

HARAS,

BÊTES A LAINE, etc.

Il est deux autres branches de l'économie rurale qu'il importe de perfectionner aussi, et dont je ne puis me dispenser de parler , ce sont les haras et les bêtes à cornes et à laine. Les chevaux qu'on emploie à l'agriculture , procurent des moyens de fécondité par les engrais; ils sont également utiles au luxe et au commerce. Ils méritent donc notre attention et qu'on s'occupe sans cesse de perfectionner les races que nous avons. En général, on néglige la propagation des belles races. J'excepte cependant quelques pays en Europe , où le souverain entretient des haras. Ces établissemens y ont excité l'émulation des propriétaires qui s'appliquent à la culture. On en trouve en Prusse , en Normandie, dans le Limousin, dans le Hanovre, en Hongrie, en Espagne, et généralement en Angleterre , où tout ce qui tient à l'économie rurale est encouragé, et n'est pas borné à une routine incertaine. Depuis un siècle les Anglais , secondés par leur gouvernement , ont fait des progrès rapides dans cette partie.On travaille continuellement dans le Holstein et le Mecklembourg , à imiter les propriétaires de Normandie. Le Mecklembourg a tiré ses races de cette province. On trouve, dans la Navarre , une bonne espèce de chevaux pour la cavalerie moyenne. On a mis, en France , trop de parcimonie dans les haras, et ils ne fournissent pas suffisamment pour le service des armées ; on est obligé de faire venir des chevaux de l'étranger. Les haras exigent des sacrifices et de grands soins de la part du souverain qui ne veut pas laisser le numéraire sortir de ses états. Les haras pourraient faire une branche de commerce de plus, si on défrichait les terres incultes et si l'on desséchait les terres inondées qui forment beaucoup d'étangs ; elles pourraient devenir de bonnes prairies. Tous les pays où il y a des pâturages , peuvent servir à élever des poulains. Mais il y a des pâturages qui conviennent mieux à certaines espèces de chevaux. Il faudrait , par conséquent, les y transporter, et l'on aurait ainsi des chevaux propres à tous les services , surtout des chevaux de haute taille , espèce qui manque le plus en France. On n'a pas pris jusqu'à présent les soins nécessaires pour la distribution des étalons et pour écarter les abus qui diminuent, dans toutes les administrations, les avantages qu'on attendait. Les fermiers ne prennent pas assez de soin pour séparer les poulains mâles d'avec les poulains femelles qui engendrent trois ou quatre ans avant que les poulains mâles de même âge puissent le faire avantageusement. La cupidité de l'homme est ici pernicieuse à la force, à la beauté, à la propagation de ces animaux. On devrait tenir les étalons dans l'écurie, et les donner à-propos aux jumens. Le gouvernement a bien imposé des règles aux gardiens d'étalons, pour ne faire couvrir que des jumens de belle espèce et de belle taille. Cependant les races nécessaires, pour les différentes cavaleries, ne font pas de progrès. On pourrait, avec des soins, se procurer pour la cavalerie moyenne, comme les dragons, et pour la cavalerie légère, comme les hussards et chasseurs, les espèces de chevaux qui leur conviennent. Il faudrait obtenir aussi des fermiers qu'ils ne fissent pas travailler leurs poulains avant trois ans. Ce serait le moyen de faire rechercher nos races de chevaux dans les pays voisins. On connaît les avantages de croiser les races, en plaçant, dans des pays chauds, des races des pays froids, où les pâturages ne sont pas aussi bons.

Les encouragemens qui peuvent être provoqués , deviendraient infructueux , si le Roi ne prescrivait pas , dans ses haras , des règles plus avantageuses pour la propagation des chevaux. La France doit faire d'autant plus pour ces animaux , que le gouvernement est obligé , comme nous l'avons dit , d'en tirer des pays étrangers , non-seulement pour ses armées, mais aussi pour le luxe et le roulage. On a d'autant plus besoin de se créer des ressources dans ce genre d'éducation, que la consommation des chevaux est excessive en temps de guerre. Elle est d'un tiers plus grande que dans les armées étrangères ; car on sait que le Français n'a pas autant de soin de ses chevaux que les Allemands. Cet inconvénient, joint à beaucoup d'abus qui règnent dans les fournitures des armées françaises , cause une grande perte de chevaux.

Quant aux pâturages propres à chaque espéce, on sait quel pays est avantageux à telle ou telle autre. Dans mon Mémoire , présenté en 1787, je plaçais aussi des étalons dans les terrains incultes qui devaient être donnés aux abbayes. Depuis long-temps on sent les avantages de la perfection des races de bestiaux propres à l'agriculture , et le prix que l'on doit mettre à leur éducation. On peut porter cette perfection très-loin. Pour y parvenir, il faut éclairer , aider les propriétaires qui feraient des sacrifices, et concourraient, par une conduite raisonnée, à la meilleure éducation des bêtes à cornes et à laine.

Les deux tiers des terres cultivées de la France, sont labourées par des bœufs. Il est donc important d'améliorer cette espèce d'animaux utiles à l'agriculture et nécessaires encore à la nourriture de l'homme, même dans ses maladies. Plusieurs départemens de la France sont obligés de s'en pourvoir en pays étrangers, d'où l'on tire également des cuirs et des suifs. Les bouchers du département du Nord se procurent la moitié des bêtes qu'ils abattent, des Pays-Bas hollandais. Cette disette de bestiaux se fait sentir depuis qu'on a vendu la majeure partie des marais communaux. La livre de viande qui y valait sept sous, a été portée à dix. Une autre cause qui a fait renchérir la viande en France, c'est la destruction presque totale du gibier. L'habitant des villes qui donnait à dîner avec un lièvre, est obligé actuellement de le remplacer en viande de boucherie. Le gibier, excepté le lapin, ne nuisait point à la récolte. Le lièvre se nourrit, en partie, de mauvaises plantes; les perdrix détruisaient les insectes qui se nourrissent de grains, comme la fourmi et quelques espèces de chenilles et de vers.

On a senti le besoin de croiser les races des animaux à cornes, et on a tiré, sans contredit,

de grands avantages de l'introduction des vaches suisses en France. Le roi d'Angleterre,
Henri VIII, rendit à ce royaume un service qui
lui a procuré des laines aussi estimées que celles
de Ségovie. Il stipula, dans son contrat de ma-
riage, avec Catherine d'Aragon, qu'il lui serait
fourni trois mille bêtes à laine. C'est là la source
des beaux troupeaux des îles britanniques et de
la belle qualité de leur laine. L'Espagne s'était
procuré sur les côtes de barbarie cette espèce
distinguée de bêtes à laine ; il y a trente ans qu'on
en évaluait le nombre en Espagne à neuf millions. Il y avait de la variation dans la qualité
des laines : cette variation était fondée sur la
nourriture et le climat ; mais le produit total entrait annuellement, dans la balance du commerce, pour dix-sept à dix-huit cent mille pias-
tres. La France a imité cet exemple, et s'en
trouve fort bien. Mais il est bon aussi d'avoir
des béliers de Barbarie pour en régénérer l'espèce. Ces animaux sont utiles à l'agriculture ; ils
détruisent les mauvaises plantes, et comme les
bêtes à cornes, ils procurent des engrais aux
propriétaires, par leur fumier et par le parcage
des terres à labour et même des prairies.

Philippe II envoya dans les Pays-Bas deux
cents brebis de Barbarie : on a observé que cette
espèce qui fournit la race espagnole s'est con-

servée dans ces contrées ; car on en trouve encore dans les troupeaux, et leur laine se rapproche beaucoup des laines des moutons espagnols que l'on s'est procuré depuis dix ans.

La culture du tabac mérite bien aussi de fixer l'attention du gouvernement. Il faudrait la délivrer des entraves que l'on y met, en changeant l'impôt auquel cette plante est assujettie, et qui provoque une contrebande considérable dans les départemens du Nord. L'impôt pourrait être mis sur la terre ou sur un certain nombre de plantes de tabac. C'est au mois de juin qu'on plante le tabac, après la récolte des lins ramés. La même terre produirait du lin et du tabac, et loin de consommer tout ce que nous cultiverions du dernier, nous en exporterions une quantité plus forte que celle que nous consommons.

Les observations que je viens de présenter tiennent d'assez près à mon sujet, pour qu'on me pardonne de m'y être livré. Je vais maintenant parler des moyens d'agrandir le commerce.

~~~~~~

COMMERCE.

Un système de commerce alimenté par l'agriculture dédommagerait la France de la perte de ses colonies, et contribuerait à lui rendre les productions qu'elle a perdues par la cession de quelques parties de territoire. L'aisance, la richesse et le bonheur d'une nation se calculent d'après l'état florissant de son commerce. La prospérité du commerce dépend de la faveur que le souverain lui accorde, et du crédit et des connaissances des commerçans instruits qui peuvent augmenter les débouchés de nos productions, et nous procurer en retour celles dont nous manquons. On ne peut nier que le commerce ne soit une source de félicité publique. Il est important toutefois de distinguer deux espèces de commerce ; l'un qui est intérieur, et qu'on appelle trafic ; et l'autre qui est extérieur, et qu'on nomme négoce. Le premier est le commerce de circulation, de consommation et de localité ; il recueille les productions de l'agriculture, des arts et de l'industrie ; il les livre au
~~~~~~

commerce extérieur, qui introduit en retour les productions des autres climats; il augmente, par la circulation, les revenus de l'État, les produits de l'agriculture et des arts et les fruits de l'industrie; il fait pencher la balance politique en faveur de l'État où il est le plus en honneur. Le commerce extérieur ou négoce, transporte les marchandises d'un peuple chez un autre peuple; et c'est là l'espèce de commerce que font les Anglais. Plus le négociant transporte loin ses articles, plus il augmente ses profits. Ce genre de commerce est le plus avantageux à l'État qui s'en est emparé; mais il est aussi la cause de la plupart des guerres qui troublent le repos du monde. Il n'a pas besoin, pour exister, des productions indigènes. Les commerçans Anglais n'exportent point les produits de leur pays qui ne suffisent pas à leur consommation.

Pour faire ce commerce, il faut des hommes qui aient acquis des connaissances dans toutes les parties du monde, et un crédit établi par de longues et anciennes relations. La guerre et la révolution ont beaucoup resserré en France ce genre de commerce: il ne peut s'y rétablir sans une direction donnée par le gouvernement. La science du commerce, comme toutes les autres sciences, s'acquiert par la théorie et par l'expérience; elle est fondée sur la connaissance des besoins réciproques et sur les liaisons. Le commerçant doit suivre chaque article depuis sa source jusqu'à sa consommation ; il doit savoir quelle est la cause du mouvement imprimé à telle ou telle branche de commerce ; quels sont les différens pays où ses objets de trafic doivent être portés, et quels risques ils peuvent courir. Le jeune commerçant doit voyager et s'instruire des règles et des lois de commerce des différens peuples : quels dangers ne courrait-il pas s'il s'en tenait à la simple pratique de la science ? La véritable science du commerçant s'acquiert progressivement, et d'après les découvertes qui sont le fruit des communications que l'homme recherche, comme un moyen d'augmenter sa fortune ; les écoles de commerce qu'on a établies depuis quelque temps à Paris, n'apprennent rien de la science, car on n'y enseigne que la tenue des livres et les règles d'arithmétique dont la connaissance est indispensable ; mais l'on sent aisément que ce n'est là que l'alphabet de la science.

Comme le commerce procure en grande partie le nerf de la guerre, il devient, par-là même, une source de puissance et de supériorité politique. L'Angleterre a doublé son commerce depuis que notre révolution lui a donné la prépondérance dont elle jouit. Si depuis trente ans elle n'avait pas envoyé des sommes considérables aux puissances militaires du continent, pour entretenir des armées, ses subsides seraient restés chez elle en circulation, et le prix du travail aurait tellement augmenté, que l'émigration qui a eu lieu de la part de quelques manufacturiers anglais, sur le continent, aurait été imitée par beaucoup d'autres qui auraient abondé dans les contrées où la main-d'œuvre était à un prix inférieur. Dans ce cas l'Angleterre aurait été réduite au commerce de ses colonies, et celui de ses productions manufacturières aurait été fort borné; mais les dépenses que sa politique et la nécessité de conserver ses fabriques, l'ont forcée de faire, ont prévenu la perte d'une grande partie des produits de son industrie, dont la main-d'œuvre n'a point haussé la valeur : j'en excepte toutefois les momens où le prix du pain a augmenté, et où les fabricans ont dû faire quelques sacrifices passagers.

Cette politique du gouvernement anglais a servi à établir la concurrence avec les fabriques du continent; les fabriques anglaises ont acquis une supériorité de travail que leur donne la possession des matières premières (1). Comme

____

(1) Depuis que les Anglais ont pu diminuer le prix des objets qui sortent de leurs fabriques; depuis qu'avec leurs nou-

leurs produits sont restés à un prix plus bas, il s'en est fait un plus grand débit, et malgré les frais d'assurance , la contrebande y a trouvé encore de grands profits ; elle a fait rentrer les

---

velles machines ils se passent du grand nombre d'ouvriers qui y travaillaient autrefois, la contrebande s'est considérablement accrue chez nous , à cause du bas prix des objets manufacturés qu'ils nous offrent. Le gouvernement ferait cesser cette contrebande, en conservant à un prix moyen les denrées de première nécessité, en s'assurant d'un tiers de la récolte, en ne permettant l'exportation du superflu de cette récolte qu'à la fin du printemps, et en établissant dans nos fabriques les mêmes machines que nos voisins ont inventées. Le prix de l'argent diminuerait, la quantité des denrées et des matières premières nécessaires à nos fabriques augmenterait , le prix des journées de travail baisserait; et le nombre des bras propres à la culture des terres augmentant aussi, forcerait nécessairement le gouvernement à encourager le défrichement de toutes les terres incultes.

Les fabricans et les négocians anglais ont fait de grands frais pour répandre l'usage des étoffes de coton ; ils ont tout fait pour faire tomber nos fabriques de batiste , de soie et de linon. Si l'esprit public s'améliorait en France ; si les fabricans diminuaient le prix des objets qui sortent de leurs ateliers (et ils peuvent le faire, la main-d'œuvre étant à meilleur marché qu'en Angleterre), si l'on remplaçait avec la batiste, le linon et les soieries dont nous avons les matières premières , les étoffes anglaises que nous achetons , nous pourrions espérer d'exporter à notre tour de nos manufactures pour 20 milions , au moins , de plus que nous n'exportons aujourd'hui, et nous pourrions

sommes que la politique du gouvernement dé-
pensait pour ruiner les Etats qui lui disputaient
cette supériorité, ou même quelques branches
de commerce : ces sommes rentraient successi-
vement dans les îles britanniques par le grand
débit que celles-ci faisaient dans les deux mondes.

5o millions de moins à l'Angleterre, qui, malgré nos douanes,
introduit sur tous les points de la France les produits de ses
manufactures. Pourquoi avons-nous perdu l'empire que nous
exercions autrefois sur tous les peuples, celui de la mode ?
C'est à la fin du règne de Louis XV que les modes et les étoffes
anglaises commencèrent à plaire aux Français. En établissant
chez nous des fabriques de cuirs et des manufactures d'acier,
nous avons rendu nul le commerce que les Anglais en faisaient ;
mais nous avons laissé remplir nos casernes et nos campagnes
des cotonnades d'Angleterre. Le gouvernement a cru devoir
protéger nos petites fabriques de coton, qui ont en effet pris
de l'accroissement, mais dont les produits ne peuvent égaler
ceux des fabriques anglaises ; car les Anglais filent plus fin que
nous ne pouvons le faire. Les fils pour mousselines paient en
contrebande 36 pour 1oo d'assurance, ce qui est considérable. Les encouragemens qu'on accorde à la fabrication des
cotons ne pourront jamais nous mettre en rivalité avec les Anglais dans cette branche de commerce.

Le gouvernement devrait proscrire les mousselines fines et
n'en point admettre à la cour : les fonctionnaires publics devraient donner l'exemple. On ne devrait porter en France que
des chemises et des cravates de batiste, qui dureraient plus
que la mousseline et la fine toile de coton. Il n'existe dans aucun

La France, autrefois rivale de l'Angleterre,
par sa situation avantageuse, par la richesse de
ses productions et par ses colonies, autant que
par l'industrie de ses habitans, aurait pu tomber
aussi dans cet excès de numéraire si dangereux

---

autre pays de fabrique de batiste ; nulle part on n'a pu imiter
les nôtres ; nulle part on n'a pu obtenir la supériorité sur nos
manufactures de soierie de Lyon et du midi de la France. Par
quelle fatalité avons-nous donc adopté, les premiers, les produits des fabriques de nos ennemis, toujours acharnés contre
le commerce français ? Pourquoi ceux qui fabriquent chez nous
des étoffes dont la matière première croît en France, et dans
lesquelles il entre de la laine, ne s'efforcent-ils pas de les rendre
préférables, autant pour l'été que pour l'hiver, aux étoffes de
coton ? Qu'ils mettent ces étoffes au plus bas prix possible, pour
le peuple des campagnes ; qu'ils aient, ainsi que les autres
classes de la société, un esprit public guidé par le patriotisme :
notre commerce deviendra aussi florissant qu'il était il y a trente
ans. Nos rivaux n'ont pu nous enlever ce génie par lequel nous
savons tout embellir et rendre tout plus commode ; l'emploi
que nous faisons des étoffes anglaises vient aussi de l'habileté
de nos couturières. Si nous prenions en dégoût ou en aversion
les marchandises anglaises, la contrebande et les frais de
douanes diminueraient. Un peuple industrieux n'a rien à de-
mander à ses voisins. Le gouvernement doit être circonspect
dans ses prohibitions ; il doit encourager le commerce, en procurant les matières premières étrangères. Il le pourrait aisément à l'aide des compagnies de commerce, comme celles des
Indes Orientales et Occidentales, qui se chargeraient d'établir

aux manufactures, si des guerres et des intérêts d'argent, qu'elle payait hors de chez elle, n'avaient souvent suspendu les avantages de la balance du commerce en sa faveur. Les Hollandais, malgré quelques circonstances semblables, ont ressenti long-temps une trop grande abondance

---

une concurrence dans les importations et en feraient diminuer le prix. Le rétablissement de ces compagnies devrait être une des premières conditions du rétablissement de notre commerce.

C'est ainsi que l'Angleterre a créé son commerce, au moyen de sa compagnie des Indes ; que la Hollande a créé le sien avec sa compagnie Orientale, formée d'Allemands venus des villes anséatiques maritimes, qui avaient établi ensemble le commerce d'Allemagne : ces villes avaient suivi en cela l'exemple de Venise et d'Anvers. Ce ne sera qu'en formant des compagnies semblables que nos villes maritimes rétabliront le commerce dans nos ports ; car des particuliers ne pourraient suffire aux dépenses qu'entraînerait la construction de bâtimens marchands.

Louis XI, qui avait devant lui l'exemple du bien qu'avait fait Saint-Louis en établissant en France des compagnies de fabricans et de commerçans, fit venir de la Grèce et de l'Italie des ouvriers d'étoffes d'or et de soie ; et des compagnies de Lyon se chargèrent de délivrer la France de l'impôt qu'elle payait à l'industrie étrangère. Après les guerres civiles du protestantisme, Sully créa des compagnies de commerce. Il en existait une à Marseille en 1787, pour l'importation de la gomme du Sénégal. Ses concessions s'étendaient depuis le cap Vert jusqu'au cap Blanc. Le roi, voyant cette compagnie prospérer, lui accorda la traite des nègres, le commerce de l'or,

de numéraire ; ils avaient donné la préférence au commerce d'économie. Dans les dernières années du XVIIIe. siècle, ils ne possédaient que quelques débris de manufactures ; mais à cette époque

du morfil, de la cire, etc. ; elle était chargée de la dépense locale de la colonie du Sénégal, et d'importer annuellement quatre cent noirs à Caïenne. Les Anglais qui ont voulu, sous le prétexte d'humanité, arrêter la traite des noirs, la font aujourd'hui par des navires anglais. Si ce commerce déplaisait aux Africains, ils s'en seraient préservés depuis trois siècles. Quel fut donc le vrai motif de l'Angleterre, pour en proposer la destrution aux révolutionnaires de France, en 1789? Ce fut de priver les Français, les Espagnols et les Hollandais du secours des bras africains dont les Antilles ne peuvent se passer à cause de l'indolence des créoles.

Les associations commerciales peuvent faire réussir toutes les spéculations et toutes les grandes entreprises qui tiennent à l'agriculture ou aux arts. C'est par la réunion de commerçans éclairés et laborieux que les compagnies des Grandes-Indes et des Indes-Occidentales se rendirent si riches et si utiles; c'est ainsi que la compagnie des Indes d'Angleterre a créé l'immense commerce qu'elle fait, et c'est par la protection constante que le gouvernement a accordé à cette compagnie qu'elle est devenue si puissante. La révolution française a fait perdre à l'Espagne et aux Hollandais leur commerce, les riches possessions que leurs compagnies avaient acquises et les établissemens considérables qu'elles avaient formés.

L'Angleterre a travaillé, depuis un siècle, à séparer la France et l'Espagne de leurs colonies : elle commença par la Jamaïque, qu'elle acquit à son profit. La guerre de 1756, qu'elle nous

l'invasion les a débarrassés d'une grande partie des richesses qui avaient diminué leur industrie.

L'or du Pérou, du Mexique et du Brésil a rendu les habitans de l'Espagne et du Portugal très paresseux. Depuis la conquête de leurs co-

---

déclara en s'emparant de deux cents navires et de neuf mille matelots, fut le principe de cette supériorité dont elle jouit aujourd'hui. Mais comme elle ne pouvait pas toujours se livrer à des guerres injustes qui l'auraient exposée à des pertes trop fréquentes, elle eut recours aux guerres souterraines ; elle fomenta des révolutions et les alimenta avec ses guinées. Ce n'est qu'en se liant et se secourant mutuellement de tous leurs moyens physiques que la France et l'Espagne peuvent recouvrer ce qu'elles ont perdu, ou conserver ce qui leur reste. Elles y parviendront en rétablissant des compagnies de commerce et en renonçant, avant tout, aux doctrines révolutionnaires que leurs rivaux ne cessent de souffler chez elles.

Paris offre en ce moment une nouvelle preuve de l'activité et de la persévérance avec lesquelles les Anglais s'efforcent d'établir en tout genre la supériorité de leur commerce. C'est l'éclairage par le gaz hydrogène. Depuis que M. le chevalier Pauwels est venu éclairer l'Opéra, l'Odéon et les boutiques voisines, les charbons d'Angleterre ont augmenté dans nos ports, et les huiles de nos départemens du Nord ont sensiblement diminué de prix, M. Pauwels n'employant pour son éclairage que des charbons étrangers. Il est bien reconnu que l'éclairage par le gaz hydrogène ne peut être employé dans les petits établissemens, ni devenir d'un usage domestique, tant qu'il ne sera retiré que de la houille, qui manque dans un grand nombre de nos départemens, et dont le transport est

lonies, ils ne récoltent pas chez eux le tiers des grains, des laines, des vins et de la soie qu'ils récoltaient auparavant; l'agriculture, l'industrie et les arts ont diminué sous ce beau climat, si favorable à toutes les productions; il n'y a pas jusqu'aux toiles qu'ils ne soient obligés de tirer des Pays-Bas et de l'Irlande.

---

généralement trop dispendieux. Les huiles, au contraire, coûtant moins à transporter, contenant une quantité de gaz plus considérable, et d'une qualité bien supérieure à celui qu'on extrait de la houille, ce serait favoriser notre agriculture et notre commerce que d'employer les huiles de médiocre qualité à l'extraction du gaz. Nous conserverions notre houille pour le chauffage.

Il est d'ailleurs une observation bien naturelle à faire, c'est que les mines de houille ne se reproduisent pas, tandis que la même terre reproduit tous les ans, et produira encore dans cent ans des graines oléagineuses, et que ces graines sont semées sur des terrains destinés par l'assolement à rester en jachères. Il faudrait aussi qu'on plaçât, dans des lieux isolés, les ateliers où l'on extrait le gaz, afin d'éviter les inconvéniens ou les malheurs auxquels on est exposé dans le voisinage des poudrières.

Je pense, malgré les contradicteurs, qu'il est avantageux d'exporter beaucoup de matière première, lorsqu'elle est à trop bon marché, afin d'en encourager la culture. Mais cette exportation ne doit se permettre qu'avec de grandes précautions et en ayant soin que le prix du produit de nos manufactures n'en éprouve pas une trop grande diminution. Il faut calculer le droit de sortie sur le prix des matières vendues à

De tous les états du continent, la Russie et la Prusse exceptées, l'Espagne et le Portugal sont les moins peuplés. Cependant ces belles contrées sont par leur nature aussi susceptibles

---

l'étranger, et le fixer de manière qu'il augmente le prix de la marchandise fabriquée, et que cette marchandise ne nous rentre pas par contrebande. Il n'y a que les matières premières dont nos manufactures ne peuvent se passer, qui ne doivent rien payer à leur entrée, quand elles sont apportées par nos bâtimens. C'est assez faire pour les négocians de nos colonies qui nous envoient des productions de leurs voisins. Ce ne serait pas protéger nos fabriques que de charger de droits *les matières exotiques*, et d'empêcher en même temps que les matières indigènes pussent les remplacer.

Un ministre, attentif à tout ce qui a rapport au commerce et à l'agriculture, aurait, par exemple, accordé, cette année, des permissions pour transporter hors du royaume le superflu d'écorces de chênes qui ne se sont pas vendues à cause de la trop grande quantité de bois qu'on a coupé, surtout dans le département du Nord. Les tanneurs français ne pouvaient se servir de ce superflu, parce que l'écorce perd beaucoup quand elle a vieilli. Depuis que nous fabriquons des cuirs de meilleure qualité que ceux des Anglais, on n'en tire plus d'Angleterre. On peut donc, sans favoriser l'industrie anglaise, vendre nos écorces à ces insulaires. Toutes les petites spéculations mises dans la balance du commerce en diminuent l'inégalité, qui est immense aujourd'hui. Il y a trente ans, cette inégalité était en notre faveur de plus de 8 millions de francs. Au reste, tous les calculs sur cette matière ne peuvent être qu'approximatifs. Il est impossible d'en donner de

d'une grande population que l'Italie et les Pays—
Bas, qui ont plus de 1600 habitans par lieue
carrée ; au lieu que l'Espagne et le Portugal n'en
comptent pas 600. L'exploitation des mines a
sans doute contribué à la diminution de population dans ces pays ; mais l'abondance du numéraire qu'ont tiré les Espagnols de leurs colonies, qui leur produisaient cent trente millions par an, y a encore plus contribué. Lorsque
je voyageai en Espagne, en 1776, je m'assurai par
moi-même que la moitié du pays n'était pas cultivé.
Les produits des mines y avaient détruit les manufactures, et fait abandonner la culture des
productions céréales. Outre les avantages de son
climat, l'Espagne avait jadis un grand commerce, et l'agriculture y était très florissante. Ces
deux sources de prospérité procurèrent à Fer-
dinand de grands moyens pour conquérir les
immenses colonies espagnoles. Ces conquêtes
servirent depuis à Charles-Quint à faire la guerre
à tout l'univers. La découverte du Nouveau-
Monde a donc détruit les manufactures d'Espagne. L'Andalousie, et Séville sa capitale,

---

vrais ; car les seuls renseignemens que l'on puisse avoir sur
les entrées et les sorties ne peuvent se puiser que dans les re-
gistres des douanes : l'énorme contrebande qui se fait empêche
qu'on en obtienne d'exacts.

possédaient auparavant cent quatre-vingt mille
métiers à soie, que la ville de Lyon et le midi
de la France ont gagnés depuis cette époque.
Les draps de Ségovie étaient alors préférés, et
passaient pour les plus beaux de l'Europe.

L'invincible *armada* que Philippe II dirigea
contre l'Angleterre, et que les élémens maltrai-
tèrent et dispersèrent, était composée de plus
de cent cinquante gros vaisseaux, et de plus du
double de bâtimens moyens et petits. Cet arme-
ment est une preuve de la puissance où l'Espagne
était alors parvenue. Les productions de l'agriculture soutenaient les denrées à un taux modique, et diminuaient le prix du travail. Les dépenses que Philippe II était obligé de faire pour
entretenir ses armées en Italie et dans les Pays-
Bas, concouraient aussi à maintenir le bas prix
de la main d'œuvre.

Mais depuis ce temps, l'Espagne a préféré un
système désastreux; elle a dégoûté ses habitans du travail qui produit la vraie richesse d'un
état; ils sont allés chercher des valeurs conven-
tionnelles dans le Nouveau-Monde, et ont aban-
donné la route certaine d'une prospérité du-
rable.

Ce fut sous Philippe III que, négligeant son
agriculture et son industrie, l'Espagne perdit,

par l'émigration, les bras qui lui donnaient la vie. Les richesses du Nouveau-Monde passant chez les peuples agriculteurs et commerçans, ont altéré et paralysé les véritables sources de leur ancienne prospérité.

Les peuples s'occupent en ce moment de s'arracher les précieux avantages des manufactures. Les souverains du Nord, malgré les obstacles physiques qu'ils rencontrent, protégent les manufactures de tous les moyens qui sont en leur pouvoir ; ils favorisent aussi l'agriculture qui fournit tant de secours à l'industrie et aux arts. Le temps n'est pas éloigné où la Russie disputera le sceptre des mers à l'Angleterre. Si cet empire continue à s'agrandir comme il a fait depuis cinquante ans; s'il nourrit toujours la soif des conquêtes avec la facilité qu'il a d'en faire, surtout depuis qu'il a acquis des positions maritimes avantageuses, l'Angleterre se verra vivement menacée : il est hors de doute qu'elle succombera dans la lutte qui se prépare. La Russie, qui ne néglige aucun moyen d'augmenter sa puissance par l'agriculture et le commerce, a acquis les meilleures parties de son territoire, par les divisions qu'elle a semées dans les pays qu'elle convoitait; elle n'a cessé de travailler la Turquie par une guerre sourde. Le traité de Kainardji, dont j'ai été à portée de connaître quelques articles, a mis sous

la protection impériale du souverain de Russie
tous les habitans de la Turquie qui professent
la religion grecque. Les Grecs, qui possèdent
les meilleures branches de commerce de la
Turquie, ne reconnaissent plus aujourd'hui
d'autre autorité que celle de l'ambassadeur russe
à Constantinople. La Russie a, par ce traité,
augmenté le nombre de ses sujets de quelques
centaines de mille dans les états même du grand-
seigneur. Ce traité est donc pour elle un moyen
qui doit lui faciliter l'exécution d'un plan d'invasion dans la Turquie d'Europe. Cette stipula-
tion avait son but : les Turcs se sont aperçus
que les Grecs seraient, dans la guerre qui se
préparait, les auxiliaires des Russes ; mais ceux-
ci, après avoir fomenté la révolte des Grecs,
viennent de les abandonner. C'est par une
semblable politique qu'elle a obtenu des dé-
membremens en Suède , en Perse, en Pologne. C'est en protégeant le kan de Crimée,
dans sa révolte contre le souverain des Mu-
sulmans, qu'elle a conquis ce pays avec quelques portions de la Moldavie et de la Vala-
chie, et qu'elle serait peut-être déjà maîtresse
de Constantinople, sans les guerres qu'elle a
eu à soutenir contre les Français. Dans les
cinquante dernières années, elle a augmenté
par ses conquêtes sa population de dix-neuf

millions d'habitans. Les productions agricoles de Crimée , dont le négociant d'Odessa fait un commerce lucratif, se sont augmentées d'une manière étonnante. Comme la Russie provoque la meilleure culture (1), et appelle les arts et l'industrie dans toutes les acquisitions qu'elle fait, elle ne peut manquer d'arriver à un degré de considération qui la rendra l'arbitre de l'Europe. Les points d'appui ou de relâche qu'elle a obtenus sur les mers, et les encouragemens qu'elle donne à l'agriculture , assureront l'exportation de ses productions, et lui donneront une immense supériorité.

De son côté, l'Angleterre, trop faible pour conquérir les armes à la main (2), va semant

---

(1) Le rapide accroissement des provinces de Russie vient de ce que les grands propriétaires ont fait eux-mêmes de grands frais pour se procurer des cultivateurs étrangers , qui y sont allés la plupart de l'Allemagne. Ces mêmes propriétaires ont créé, dans leurs terres, des fabriques de tous les genres d'objets qu'ils faisaient venir, il y a quarante ans, des pays étrangers. Les propriétaires russes , convaincus par leur propre expérience des vérités que nous avons énoncées plus haut, ne manqueront pas de provoquer le défrichement des immenses déserts de cet empire par tous les moyens praticables.

(2) La guerre funeste que les spéculateurs de Dunkerque et

chez ses voisins des germes de troubles et de révolutions , pour les affaiblir et les empêcher de
lui disputer l'empire des mers. J'ai vu quatre
pays en révolution, la Pologne, la Hollande, les
Pays–Bas et la France , et je me suis convaincu
que ces révolutions ont été opérées par des in-
sinuations étrangères , et ont eu pour but des

---

de Boulogne faisaient , depuis Jean Bart , au commerce maritime des Anglais , gênait ces insulaires au point qu'à l'époque
de l'avant-dernière guerre , leurs navires craignaient les corsaires français, et qu'ils n'osaient se mettre en mer sans de
fortes escortes. Lorsqu'un vent impétueux dispersait une flotte,
les corsaires faisaient des prises très avantageuses. Les Dun-
kerquois gagnèrent beaucoup dans ce genre de spéculation. Le
gouvernement voulut y avoir sa part ; dans la guerre de la révolution , les moyens iniques qu'employa le conseil des prises
dégoûtèrent les armateurs en course et ne servirent qu'à enrichir quelques avocats. Il serait à désirer pour notre commerce,
que le gouvernement abandonnât la prise entière aux armateurs , en les obligeant toutefois de rapporter dans un de nos
ports toutes les matières premières étrangères , et de vendre ,
dans un port étranger , les objets de fabrique étrangère. La
guerre des corsaires est la seule terrible au commerce anglais.
Il faudrait donc aider les compagnies d'armateurs en course;
les corsaires sont les troupes légères de la marine ; il font presque toujours des prises. Il faudrait aussi qu'ils en fissent sur
les pirates barbaresques. Le gouvernement tirerait un double
avantage des corsaires. Ce serait une rétribution qu'ils lui
paieraient et des hommes de mer qu'ils lui formeraient.

motifs politiques contraires à la saine morale et horribles aux yeux de l'humanité. La maison d'Autriche est la seule qui n'ait pas fait usage de ces moyens criminels. Si l'Angleterre ne fait pas, en ce moment, de révolution dans les Pays-Bas, dont les deux peuples, vu les intérêts différens qui les animent, seraient si aisés à soulever, c'est que l'Angleterre les gouverne d'après les intérêts de son commerce exclusif; mais elle continue d'employer, pour assurer sa prééminence politique, les moyens qui sont à son usage ; elle réduit les royaumes voisins au modique commerce de leurs productions territoriales; et, par ses agens secrets, elle leur inocule les idées de son gouvernement représentatif, dont l'opposition et les discours révolutionnaires de tribune sont, pour elle, autant de moyens d'affaiblir ou d'envahir les puissances qu'elle redoute.

La première guerre sourde que j'ai vu faire par l'Angleterre, fut les secours qu'elle donna aux Corses, auxquels elle inspira les principes de la révolte ; elle leur fournit, pendant quatre ans, des armes et des munitions de toute espèce, pour empêcher la France de conserver cette île qui lui devait assurer des points d'appui sur la Méditerranée, quand elle serait en guerre avec les Anglais. Pendant quatre ans, la Corse fit donc la guerre à la France pour se soustraire à sa domination. L'Angleterre fit ensuite des pensions à Paoli et autres chefs de l'armée insurgée. La France se vengea en fournissant à son tour, aux Américains du Nord, les moyens de se séparer de leur métropole, et se borna à ces représailles. Elle aurait pu accorder aux ambassadeurs de Tippoo-Saëb les secours que ce souverain demandait pour secouer le joug des Anglais. Trente mille hommes, joints à soixante mille de Tippoo, et à dix autres mille d'un autre souverain voisin, auraient suffi pour chasser les Anglais. C'en était fait de *leur* puissance dans l'Inde, et du principe de leur prépondérance actuelle.

L'Angleterre ne perd pas une occasion d'augmenter ses stations avantageuses et son commerce, en multipliant ses ports et ses points de relâche; elle prévoit que les trois puissances qui peuvent lui disputer l'empire des mers se lasseront de la dépendance où elle les tient. Pour éloigner cette époque, elle entretiendra en France les dissensions intérieures et les révolutions qu'elle a fomentées en Espagne et à Naples; elle retardera la convalescence de la France, la plus intéressée à reprendre ses droits naturels, et qui, avec une grande étendue de côtes et de bons ports, voudra un jour participer au com-

merce maritime , et secouer l'espèce de sujé-
tion où elle est (1). D'un autre côté, l'état où se
trouve l'Angleterre, occupée elle-même de dissensions politiques, peut, dans quelques années,
changer ses relations commerciales et les résul-
tats de son économie politique. Cette puissance
qui connaît le faible de sa constitution, ne la soutient qu'en intéressant les neuf dixièmes de sa
population au maintien de son gouvernement,
débiteur de l'immense quantité de valeurs fictives
dont elle est inondée. Cette masse de valeurs
élève le prix des denrées, et aurait ruiné les
manufacturiers, s'ils n'avaient découvert des
machines dont le feu ou l'eau sont les premiers
moteurs, et qui renvoient beaucoup de bras inu-

____

(1) La France pourrait se procurer des colonies qui serviraient de points de relâche à sa marine. Elle pourrait obtenir
des concessions dans ces contrées inhabitées de l'Afrique, dans
la Perse occidentale, dans l'Inde, dans toutes les parties si-
tuées au-delà du Gange, dans la Cochinchine. Il existe une
quantité d'îles abandonnées, que la France pourrait peupler
du superflu des départemens trop peuplés. Il s'en trouverait
plusieurs qui préféreraient ainsi la chance de faire fortune au
travail du défrichement des terres incultes du royaume. Il y a
des îles importantes qui ont été peuplées par le rebut de toutes
les nations : mais, selon moi, la meilleure colonisation à faire
pour la France, serait celle de la côte d'Afrique, d'où il faudrait
chasser les Deys qui la tyrannisent.

tiles aux travaux agricoles, qui rarement en ont trop. Mais la population de l'Angleterre allant toujours croissant, il y aura nécessairement un excédant qui, ne pouvant vivre du travail des manufactures, ni de celui de l'agriculture, se soutiendra par les aumônes et par le vol, ou se portera à des insurrections. Pour éviter ce mal, il faudra occuper ces bras oisifs aux travaux de la guerre. Il faudra donc semer sur le continent de nouveaux élémens de discorde, afin d'avoir occasion d'employer et d'augmenter les troupes de terre et de mer. C'est ce que nous voyons déjà ; mais cette politique réussira-t-elle toujours ? L'Angleterre perdra sa supériorité, du moment où la France et l'Espagne emploieront tous leurs moyens physiques pour se venger des guerres souterraines qui ont provoqué des révolutions dans ces deux royaumes.

Je me suis appliqué à démontrer que l'intérêt des gouvernemens est d'accroître tous leurs moyens de prospérité, par l'agriculture et le commerce; en améliorant le sort des particuliers, ils augmenteront leurs propres ressources, et multiplieront les moyens qu'ils ont de se défendre, ou d'attaquer ceux qui voudraient usurper sur la mer, qui est commune à tous les peuples, les droits que leur position leur assure.

Depuis trente ans, les manufactures et les arts ne savaient plus où s'établir, à cause des guerres et des entraves mises au commerce, et surtout à cause des révolutions ; la tranquillité et la protection que leur ont accordées les puissances du Nord de l'Europe, ont été utiles à ces mêmes puissances, qui ont profité de l'émigration de beaucoup de manufacturiers et d'ouvriers français. L'Amérique a aussi gagné un million d'étrangers, dont les deux tiers sont des Français.

Les manufactures, les arts et l'industrie sont du domaine des villes ; il faut les y conserver pour leurs habitans ; les moyens d'existence qu'ils leur offrent les empêchent d'aller chez l'étranger. Les arts frivoles sont également nécessaires dans les grandes villes ; ils y arrêtent les voyageurs riches que les jouissances et les sensualités de la vie qu'ils leur procurent, engagent à s'y fixer : il faut donc favoriser dans ces villes le commerce que le luxe y produit depuis long-temps. Paris lève, à cet égard, sur tous les peuples du monde, une contribution dont la révolution a toutefois un peu diminué les revenus, par l'émigration des artisans qui forment des élèves dans le pays où ils ont été reçus et encouragés. Les arts frivoles et les différentes branches de luxe sont de puissans mobiles qui provoquent et animent l'industrie, et font entrer dans la ba-

lance du commerce extérieur de grands capitaux. Ils augmentent l'aisance et la population.
Les villes de France ont perdu les riches propriétaires qui avaient coutume d'y passer l'hiver,
et qui, par leurs dépenses ou leurs aumônes, y
nourrissaient les artisans du luxe, ou les ouvriers
dont la saison suspendait les travaux. Les nouveaux propriétaires sont des cultivateurs qui ne
font aucune dépense de luxe ; ils économisent
pour augmenter leurs propriétés. Dans cet état
de choses, il est important de dégoûter les habitans des campagnes de venir chercher fortune
dans les villes ; car une fois qu'ils y sont entrés ,
on ne peut plus espérer de les renvoyer à leurs
travaux primitifs. Les maîtres d'école des villages
contribuent aussi à les dépeupler. Quand un
jeune villageois sait lire et écrire, il est tenté
d'abandonner l'état de ses pères pour aller à Paris ; et quand il y est sans place ou sans occupa-
tion, il se laisse aisément tenter par les offres que
lui font les étrangers ; il ne revient plus en
France.

L'empereur Joseph entretenait dans les campagnes des maîtres de musique. Son but, me
dit-il un jour, dans une conversation, était de
contribuer aux divertissemens des paysans. Je
ne pus me dispenser de lui faire observer que
ces maîtres de musique fournissaient des musi-

ciens à une grande partie des régimens de l'Europe , car j'en avais trouvé beaucoup en Angleterre , et les fils de ces musiciens embrassaient presque tous l'état militaire.

Je ne prétends pas qu'il faille priver les villages de maîtres d'école ; mais je pense qu'il faudrait s'assurer des opinions de ces maîtres : car comme la plupart sont tout-à-la-fois chantres à l'église et greffiers à la municipalité, ils ont une influence qui peut devenir dangereuse.

Toutes les considérations que je viens de présenter, n'échapperaient point à une administration supérieure d'agriculture et de commerce. Le chef de cette administration établirait des correspondances avec les consuls de France dans les principales villes de commerce. Ces correspondances le mettraient à portée de favoriser les branches de commerce que les villes maritimes ont perdues par les guerres de la révolution , ou d'y établir celle que leur situation particulière rendrait plus avantageuse. Les diverses attributions qu'il réunirait, lui donneraient toute facilité pour obtenir l'équilibre nécessaire entre l'agriculture et les arts, et l'accord qui doit exister entre le commerce extérieur et le commerce intérieur. Mais pour acquérir ce double avantage, il faut toute l'application d'un homme qui a fait toute sa vie une étude des différens moyens de rendre un état riche et heureux. Le grand Colbert fut un ministre d'agriculture et de commerce. Cet homme, doué d'un jugement rare, reconnut que la France avait un fond riche en toute sorte de culture, et que ses habitans étaient propres au développement de tous les arts. Il pensa qu'avec son génie, son activité, son commerce, sa marine et ses armées, elle parviendrait au plus haut degré de puissance et de population, par le secours d'une agriculture qui provoquerait une grande industrie. Il mit en œuvre tous les moyens propres à cette vaste entreprise ; il établit des manufactures et créa l'industrie. Il réussit à remplir les vues que nous venons de présenter. Les peuples, actuellement agriculteurs et commerçans, ont profité de ses leçons. Un ministre, comme lui, embrassant les sources de la richesse et de la félicité publiques, ne doit voir le commerce et les arts que dans l'intérêt de l'agriculture ; c'est la seule manière d'établir l'édifice politique sur des bases solides.

Avant la révolution il existait bien des intendans de commerce qui travaillaient avec les députés des villes commerçantes; mais ces intendans n'avaient point de pouvoir d'exécution. Tout leur travail se bornait à recueillir quelques faits particuliers ou des observations faites dans quelques endroits par les sociétés d'agriculture.

Celui qui connaît les ressources de cet art, gé-
mit, par exemple , de voir que l'on se contente
dans une grande partie du royaume de gratter
la terre sur une simple épaisseur de trois ou
quatre pouces ; tandis qu'avec une seconde char-
rue on la rendrait sans cesse productive , en la
labourant quatre pouces plus bas , et en rappro-
chant la culture des champs de la culture des
jardins. C'est l'opiniâtreté du cultivateur qui rend
la terre docile et féconde. Un bon administra-
teur peut augmenter encore les ressources des
habitans des villes qui ont perdu par la révolution tout ce que les riches propriétaires y répan-
daient d'argent ; car les biens de ces propriétaires
ayant passé dans les mains des habitans des campagnes à qui on les a vendus ou plutôt donnés ,
ceux-ci économisent pour acquérir encore et ne
dépensent point.

Il n'y a qu'une administration spéciale qui
puisse aussi développer et étendre au-dehors un
commerce dont elle serait la protectrice essen-
tielle. Aidée par un conseil composé des députés du commerce qui représenteraient ses droits
et ses intérêts de localité , même dans les sti-
pulations des traités diplomatiques , elle diminuerait les lois prohibitives et mettrait la
France dans l'état prospère que la qualité de son
sol, l'excellence de son goût pour les arts indus-

triels , son commerce, même celui de luxe, contribueraient à lui rendre en peu de temps. En
excitant une plus grande industrie, elle établirait, sans crainte de concurrence, des relations
avec les états voisins; pour diminuer les produits
de nos manufactures, elle diminuerait le prix
des denrées nécessaires à l'ouvrier; en perfection-
nant l'agriculture et en procurant l'exportation
des productions, elle dédommagerait le cultivateur et doublerait les revenus des propriétaires.

Il résulte évidemment des considérations que
je viens de présenter, que le chaos politique, en-
fanté par les idées nouvelles, a *rompu* toutes nos
relations commerciales; qu'il a porté dans les pays
étrangers une partie de notre industrie; qu'il
nous a isolés des autres nations et a diminué les
débouchés de nos productions (1). Il est donc

---

(1) La paix de Westphalie, dont les traités de Munster et
d'Onasbruk furent la conséquence, avait mis fin à de longues
guerres, et rétabli l'équilibre entre les principales puissances
du continent. Aujourd'hui cette paix, ou plutôt les stipula-
tions qui l'avaient établie, sont entièrement détruites. Les intérêts politiques et commerciaux ne sont plus en harmonie
avec la situation et les prétentions orgueilleuses des souverains. Le bouleversement que l'empire d'Allemagne a éprouvé
aurait déjà fait naître la guerre, si tous les princes n'avaient
pas à surveiller des ennemis intérieurs qui ont de puissans
auxiliaires en France, et pour appui tous les ambitieux de

du devoir du gouvernement de donner aux habitans des villes les secours et les encouragemens nécessaires, pour ramener le temps où ils

---

l'Europe. On conçoit aisément que tous les petits rois de l'empire germanique sont inquiets, parce qu'ils ne peuvent plus
compter sur une fixité immuable, et qu'ils n'ont plus la garantie
mutuelle que leur donnaient la bulle d'or et le traité de Westphalie. Le roi de Saxe n'a pu consentir que forcément à céder
une grande partie de ses états, dont les habitans détestent depuis un siècle les Prussiens et leur roi, et sont attachés à
l'Autriche de même que leur souverain. Les Belges ne s'accorderont jamais avec les Hollandais, dont ils ne partagent
pas les opinions : ils s'en sépareront à la première occasion.
Les états qui souffrent davantage sont ceux qui appartenaient
à des princes particuliers, comme les électorats de Cologne, de
Mayence et de Trèves, le pays de Liége, etc. Ces états étaient
gouvernés par des princes issus de familles puissantes qui
rendaient les peuples voisins du Rhin les plus heureux de
l'Europe. Aussi ces peuples regrettent-ils leur ancien gouvernement, qui les portait à l'agriculture et au commerce. Quelquefois la guerre venait troubler leur repos; mais les bouleversemens imaginés par l'esprit de conquête de la Russie, leur
ont fait plus de tort que ces guerres passagères ne leur en
faisaient autrefois. L'Autriche, entraînée par le besoin de sa
conservation, et par l'obligation de conserver les droits des
princes de la confédération germanique, a eu des guerres qui
contrariaient sa politique; elle a adopté un nouveau système qui
n'est plus d'accord avec les intérêts de la France, auxquels
elle tenait autrefois par la possession des Pays-Bas. Sa situation actuelle l'a forcée de s'attacher à ce nouveau système,

avaient une existence heureuse. Hommes d'état, vous pouvez rendre à la France son ancienne puissance. Riches propriétaires , vous pouvez augmenter d'un tiers ses productions agricoles. Anciens militaires , faites comme moi , revenez cultiver. Commerçans , rétablissez votre ancien crédit et vos relations commerciales dans les deux hémisphères. Reconquérez les lumières que vos pères avaient acquises dans le commerce général que vous avez négligé ou que vous n'avez pu suivre. Travaillons tous à rendre notre Roi puissant, afin qu'il protège le commerce en rétablissant sa marine , et qu'il encourage l'agriculture qui fournit aux arts , à l'industrie et au commerce les moyens de prospérité publique.

Si mes lecteurs s'étonnaient qu'un militaire ait acquis quelques connaissances en agriculture et en commerce , je leur dirai que les circonstances où je me suis trouvé , me les ont procurées sans de grands efforts. J'ai été élevé à la campagne jusqu'à l'âge de quinze ans. J'étais chez ma mère, qui faisait cultiver sa terre de Roeux, près de Bouchain, dans le département du Nord. Entré au service , je m'occupai à réfléchir sur l'art terrible de la guerre , et sur la science qui doit en diminuer les maux. Je mis par écrit tout ce qui me parut devoir composer un bon système militaire. En voyageant pour connaître quel pou-

vait être celui qui conviendrait le mieux à la
France, je ne négligeai pas l'agriculture et le
commerce. Ce dernier, auquel je me suis livré,
m'a fait récupérer une partie de ce que j'avais
perdu par la révolution et pendant l'anarchie. Le
commerce extérieur m'a mis à même de racheter
quelques portions de mes biens, et d'en augmenter la valeur par de grandes améliorations qui
me procurent un fermage double de celui que
j'en tirais avant mes travaux de défrichement.

MÉMOIRE AU ROI,

PUBLIÉ EN 1820.

Sire,

Plusieurs propriétaires qui possèdent des bois contigus à la chaîne de forêts qui s'étend le long de la Scarpe et de l'Escaut, depuis Douai jusqu'à Valenciennes, ont reçu de Votre Majesté l'autorisation d'en *arracher* une partie. On évalue à plus de douze cents hectares le terrain qui, depuis 1814, a été défriché dans le sixième arrondissement du département du Nord, en vertu de ces autorisations. Les nouvelles demandes qui ont été formées en dernier lieu, et en différentes parties, y ajouteront cinq cents autres hectares, si elles sont octroyées.

Autorisé de ces exemples, je viens exposer à Votre Majesté le désir que j'ai *d'arracher* aussi une partie de bois composée de cent trente hectares, situés dans la commune d'Hornain, entre Douai et Valenciennes.

Mon intérêt serait, sans contredit, de mettre cette partie de bois en labour, et de vendre les quarante mille arbres qui en couvrent la superficie ; car je me procurerais, par cette vente, un capital plus considérable que la valeur du sol, et par le défrichement qui en serait la suite, un revenu triple du produit actuel de ces bois.

Quoique cette propriété soit la seule que j'aie recouvrée, à titre onéreux, de l'héritage de mes pères, et malgré les charges que je supporte, je n'ai fait vendre, depuis six ans, que des chênes défectueux.

Je mandai, en 1814, à M. le conservateur Cazin-Caumartin, que je conserverais mes arbres pour la marine, parce que la France ne peut se passer de flottes pour rétablir et protéger son commerce, conserver les colonies qui lui restent, et récupérer, si l'occasion s'en présente, celles qu'elle a perdues.

En voyant ce qui se passe aujourd'hui dans la Belgique et dans la France, ne serait-on pas tenté de croire que la puissance autrefois rivale, craignant de perdre sa prépondérance, provoque, dans ces deux royaumes, les *déracinemens* qui s'y opèrent ? L'intérêt commercial de ces deux États leur fait un devoir de s'allier pour reconquérir leur indépendance ; et l'on voit, dans l'un comme dans l'autre, des financiers en relation d'affaires avec l'Angleterre, s'enrichir par la destruction des forêts. Le ban-

quier avec lequel le gouvernement anglais traite
à Paris, vient d'acheter du gouvernement français la forêt de Pecquencour, près de Douai, et
il commence à la défricher. Cette forêt est dans
la chaîne de bois qui borde la Scarpe et l'Escaut jusqu'à Valenciennes : elle forme une ligne
défensive de huit lieues de Valenciennes à Douai
et au-delà; cette ligne défensive recommence au
Quesnoi, où la forêt de Mormal en fait un pro-
longement jusqu'à Givet. Il y a, entre le Quesnoi et Valenciennes, un terrain vide d'environ
trois lieues, où l'on forme un camp retranché
lorsqu'on n'est pas établi sur l'extrême frontière
dans les bois de Malplaquet : cette position
donne les moyens de s'opposer à une invasion en
France.

Les *déracinemens* de bois peuvent être encore considérables, puisque, des cent cinquante
mille hectares donnés à la Caisse d'amortissement, il en reste beaucoup à vendre dans le
département du Nord.

Ces considérations, tirées de la marine et de
la défense du royaume, pourraient suffire pour
porter Votre Majesté à arrêter les *déracinemens*; et quoique j'aie un grand intérêt à ce
qu'ils se continuent, je n'hésiterai cependant
pas à sacrifier mes avantages personnels au véritable bien de l'État; et, pour prouver mon dé-

sintéressement à cet égard, je prendrai la liberté d'ajouter à ces premières considérations
d'autres motifs non moins puissans contre le
défrichement des forêts.

Je représenterai que, si le gouvernement accorde la faculté de défricher après la vente que
la Caisse d'amortissement est autorisée à consommer, les particuliers devront craindre qu'on
ne prenne dans leurs bois de quoi fournir les
places-fortes, les trains d'artillerie, les armées
françaises, et même les armées étrangères, si
ces dernières parvenaient à prendre position entre Bouchain et Douai.

Je ferai valoir ensuite les intérêts de la marine royale, qui fait construire des frégates à
Dunkerque, et ceux de la marine marchande.
Dunkerque réclame les bois que produisent les
forêts qui s'étendent sur l'Escaut et la Scarpe,
de Valenciennes à Douai et au-delà, car ils
sont d'une excellente qualité pour la marine; ils
sont les meilleurs du département, les chênes de
la forêt de Mormal étant, comme l'expérience
l'a démontré, sujets à être percés par les vers.
Les bois du département du Pas-de-Calais, que
l'on défriche aussi, pourraient également servir
aux constructions de la marine.

Mais, SIRE, le défrichement des forêts ne

peut que porter des coups funestes à votre marine.

Dunkerque avait des successeurs de Jean-
Bart ; aujourd'hui cette ville doit gémir de ce
défrichement ; elle tirait de nos forêts des bois
qu'on y transportait par eau, pour la construction de ses corsaires. On sait les services qu'elle
rendit pendant la guerre maritime de 1779, avec
les soixante bâtimens qu'elle avait armés en
course. Le défrichement des bois la priverait
des gains qu'elle fait encore à la pêche de la mo-
rue dans les mers du Nord, et surtout au banc
de Terre-Neuve.

Je ne craindrai pas de dire que les permissions
pour *déraciner* ont été surprises au ministre des
finances. Ce ministre a signé ces permissions de
confiance ; il n'en a rien su : il était trop désa-
vantageux aux finances du royaume de vendre
des forêts et d'en accorder le déracinement, puisqu'après la vente on en payait le prix avec le
bois. L'acquéreur, au contraire, avait un double revenu, celui du prix des bois et celui de la
forêt transformée en terre de labour.

Si Votre Majesté fait attention aux besoins
du trafic intérieur, à l'établissement des mines,
surtout des mines de houille, dont l'extraction
nécessite une grande quantité de bois de pre-

mière qualité, Elle apercevra de nouvelles raisons de suspendre les *déracinemens*, et d'en re-
fuser les autorisations. La consommation de ces
bois est si grande, que les mines d'Anzin et
d'Aniche ont de la peine à s'en fournir dans le
département du Nord ; elles sont obligées de
s'en pourvoir, à grands frais, dans le département de la Somme. Les constructeurs de bateaux en achètent en Belgique. M. le comte de
Caraman en a vendu à ces constructeurs, qui
provenaient de sa forêt près de Mons ; M. Lade-
rierre, gros manufacturier, qui occupe six cents
ouvriers au Cateau-Cambresis, a fait venir, cette
année, du pays de Liége, quarante voitures de
chênes. Le droit d'entrée de ces bois est modique ; mais si le déracinement continue, ce sera
une sortie de plusieurs millions, y compris ce
que l'on emploie pour les usines.

A l'égard de ces dernières, je présenterai à
Votre Majesté d'autres observations. Quatre
cent cinquante moulins travaillent dans le dépar-
tent du Nord les graines grasses dont les huiles
se répandent en France et dans les pays étrangers et lointains ; les moulins à farine y sont encore plus nombreux, puisqu'ils nourrissent une
population de neuf cent mille âmes ; presque
toutes les manufactures de poterie, de faïence,
de porcelaine, de tuiles, consomment du bois :

si l'on ajoute à tout cela les autres constructions qui servent aux habitations , aux bâtimens
ruraux , aux exploitations, aux instrumens aratoires, au roulage , etc., l'on aura une idée juste
de cette consommation.

Je pourrais encore exposer à VOTRE MAJESTÉ
les besoins des constructeurs de bâtimens employés au commerce intérieur. Les trafiquans,
qui se servent, surtout dans le département du
Nord , de bateaux dont les nombreux canaux
de ce département sont couverts, réclament aussi
la conservation de ces forêts , où l'on porte , depuis six ans, une cognée destructive, car ces forêts sont les seules qui leur fournissent les bois
propres à leur genre de commerce.

Il est encore d'autres considérations importantes qu'il est nécessaire de présenter à VOTRE
MAJESTÉ; elles sont relatives à la culture du lin,
dit *défin*. Cette espèce de lin, qui sert à la fabrication des fils propres à faire les batistes et les
dentelles, croît particulièrement dans le voisinage des bois qui forment la chaîne dont nous
avons parlé plus haut ; ce lin est préparé et rendu propre à la filature par la population de
quinze communes voisines de ces forêts , population telle que l'on y compte plus de deux mille
âmes par lieue carrée. *Déraciner* les bois nécessaires à ramer cette production , serait donc la

détruire; car cette plante, qui s'élève souvent à plus de trois pieds de hauteur, ne peut se passer des bois qui soutiennent sa faiblesse.

La filature de ce lin fait vivre les deux tiers des femmes du département du Nord, un tiers de celles du département de l'Oise, autant des départemens de la Somme et du Pas-de-Calais.

Les batistes et les linons qui se tissent dans ces départemens y ont porté la population à un degré qu'on ne rencontre dans aucun pays. Quant au fil qui sert à faire la dentelle, il passe dans les départemens du royaume; il est exporté en Angleterre, dans les Pays-Bas, en Allemagne, en Italie, etc., suivant le témoignage de M. Lepers, négociant de fil à Valenciennes; la livre se vend depuis soixante-quatre jusqu'à trois mille six cents francs; et l'exportation qui s'en fait à l'étranger est considérable, malgré les prohibitions portées contre sa sortie.

La fabrication des batistes, des linons et du fil à dentelle, nourrit plus de soixante mille ouvriers; elle a enrichi les villes de Valenciennes, de Cambrai et de Saint-Quentin. La filature de ces fils donne la vie à plus de cent mille femmes. Que deviendra toute cette population industrieuse, si on détruit les bois nécessaires à la culture du lin ?

(98)

A la suite de toutes ces considérations , je ne
puis me dispenser d'exposer à Votre Majesté
les raisons qui empêchent les particuliers de
conserver leurs arbres , et les déterminent à de-
mander l'autorisation de *déraciner*. La première
raison tient aux dispositions contenues dans la
section II de la loi du 9 floréal an II , qui auto-
rise la marine à prendre dans les bois des particuliers ; disposition qui est regardée comme
une violation du droit de propriété. Pourquoi
le possesseur de bois est-il exposé à une pareille
contribution , tandis que le propriétaire de terres
labourables vend son grain au prix marchand ?
les bois sont donc surchargés. Si cette loi était
abolie, les propriétaires, n'ayant plus intérêt à
se défaire de leurs arbres pour éviter qu'on les
leur enlève, les conserveraient au contraire ; et
comme l'intérêt public doit l'emporter sur l'intérêt particulier , il serait même nécessaire de
remettre en vigueur les lois conservatrices des
forêts.

La seconde raison qui porte les propriétaires
à se défaire de leurs arbres , c'est que les fournisseurs de la marine viennent les acheter au-
dessous du prix marchand. Ils ne paient pas
plus de cinquante francs du stère les bois de
première qualité; tandis que, dans le commerce,
les propriétaires peuvent en avoir cent vingt

francs du stère. Il résulte encore de là , qu'après les martelages faits dans les bois des particuliers, ceux-ci ne peuvent disposer de leurs arbres qu'un an après la coupe de ceux que la marine a marqués. Votre Majesté jugera aisément que les propriétaires ne doivent pas être portés à conserver des arbres propres au service de la marine, à cause des entraves et des pertes qu'ils éprouvent. On sait , d'ailleurs, que la plupart des bois qui arrivent aux chantiers sont aussitôt vendus , parce qu'on trouve qu'ils ne sont pas propres aux constructions.

Il y aurait un moyen, Sire, de prévenir ces inconvéniens et ces désordres , et de donner au commerce et à l'agriculture une impulsion qui relèverait l'un et porterait l'autre à un haut degré de perfectionnement. Les branches les plus importantes de l'administration publique ont des ministres qui les dirigent et les surveillent. Celle qui est la plus importante de toutes , sur laquelle reposent, en quelque sorte , les ministères de la guerre , de la marine, des finances, de l'intérieur, l'agriculture, cette nourricière des états, et le commerce, qui les enrichit et les fait fleurir, manquent d'un ministre spécial.

Ces deux parties auraient besoin cependant du génie d'un homme d'État , qui joignît à une

connaissance approfondie des richesses des quatre parties du monde, des observations qui
pourraient accroître le commerce et perfectionner l'agriculture. Il n'est pas de nation qui ne
trouve chez les autres de quoi ajouter aux sources de sa prospérité.

Les sociétés d'arts et de commerce qui se sont
formées en France et ailleurs, ne peuvent rendre à
un Etat des services aussi importans, aussi spon-
tanés que le ferait un ministre d'agriculture et
de commerce. Ces sociétés n'ont que des moyens
de correspondance et des mémoires à offrir. Un
ministre a seul des moyens d'exécution. C'est lui
qui réaliserait, qui étendrait, qui développerait
les vues ou les projets d'amélioration des sociétés savantes ; il ferait voyager dans les points
du globe où les correspondances particulières
n'ont pu pénétrer.

Ce ministre dirigerait le commerce vers le
but le plus utile pour sa nation. Pénétré de cette
vérité, que la richesse du négociant constitue
celle de l'Etat, il favoriserait toutes les branches de commerce. La connaissance qu'il aurait
des lois de cette partie dans tous les pays, et de
tous les intérêts commerciaux de l'univers, le
mettrait à même d'obtenir, en faveur de la France, et d'une manière plus avantageuse pour elle,

cet équilibre financier qu'on veut établir par la voie des armes.

Les services que ce ministre pourrait rendre à l'agriculture sont incalculables ; car on sait qu'il y a un tiers de la France qui n'est pas cultivé ou qui l'est mal. On pourrait livrer à la culture , en transportant dans les pays incultes , le superflu de population des départemens du Nord , du Haut et Bas-Rhin , superflu qui porte à l'émigration. Les conquêtes que Votre Majesté pourrait faire à cet égard , plairaient davantage à son cœur que celles qui ne s'achètent qu'au prix du sang de ses sujets. Les négocians de Bordeaux , de Dunkerque , de Nantes , par la coopération des connaissances de ce ministre , pourraient de même rétablir les anciennes relations qu'ils avaient avant nos troubles dans les trois autres parties du monde.

Ce ministre concourrait avec celui des finances à l'appréciation et à la fixation des droits d'entrée et de sortie; il empêcherait que le négociant ne fût opprimé ; il calculerait les bénéfices du commerce et transmettrait aux villes commerçantes le résultat de ses calculs.

La France est réduite aujourd'hui à un commerce intérieur qui n'est qu'une simple circulation. Le vrai commerce se compose d'impor-

tations et d'exportations. Les exportations étendent et vivifient l'agriculture, et celle-ci fournit à
son tour à l'industrie et aux arts les moyens de
multiplier les exportations.

Il est un autre genre de commerce, non moins
important, et peut-être plus lucratif que celui
dont nous venons de parler, et qui n'existe que
faiblement en France ; il consiste à transporter
les productions de pays étrangers dans d'autres
pays étrangers ; à aller chercher, par exemple,
les productions du nord de l'Europe pour les
porter dans les autres parties du monde. Ce
commerce fait entrer dans le pays qui s'y adon-
ne, des bénéfices évalués à vingt-cinq et trente
pour cent.

Un ministre de l'agriculture et du commerce
ferait revivre ce genre de négoce que fit autrefois Jacques Cœur, sous Charles VII, et qui fut
si avantageux au Royaume, par l'augmentation
des espèces qu'il y fit entrer. Si nous avions eu
un pareil ministre, il se serait à coup sûr opposé
aux défrichemens qui menacent de toutes parts
nos forêts.

Je désire ardemment, Sire, voir cesser les
maux que j'ai signalés à Votre Majesté, et établir en faveur de l'agriculture et du commerce,
le ministre spécial que je propose ; mais si les

considérations que je viens de présenter ne doivent pas prévaloir, si les autorisations pour le défrichement des bois doivent continuer d'être octroyées; je suis forcé de revenir sur la promesse que je fis à M. le Conservateur, en 1814, et je solliciterai pour moi-même une pareille permission; mais je ne puis dissimuler à Votre Majesté, que les autres propriétaires de bois du département du Nord ont aussi le projet de faire la même demande; et que parmi ces propriétaires, il en est deux qui ont au-delà de mille à douze cents hectares, et qui ont obtenu de *déraciner* de grandes portions de leurs bois.

Le Comte de Thieffries-Beauvois.

FIN.

ERRATUM.

Page 26. Au lieu de *cinq millions* que nous avons mis à la récapitulation des terres incultes, lisez : *plus de huit millions*.